"十二五"职业教育国家规划教材

经全国职业教育教材审定委员会审定

云计算
应用开发技术教程

曾文英 主编

余爱民 刘海 张军 副主编

清华大学出版社

北 京

内 容 简 介

本书采用了业界主流的云计算技术,主要内容包括云计算概述、云计算技术的发展与应用、虚拟化技术、虚拟化技术应用及 IaaS 平台构建技术实例、云存储原型系统集群搭建及云网盘设计与开发、云存储原型系统扩展方案、云存储软件系统中 Web 与 Hadoop 集群的挂接、基于 NoSQL 数据库 Cassandra 的应用开发、基于 PaaS 云平台的应用开发、基于阿里云的 SaaS 云表软件设计与开发、基于百度 API 的 Android 街景地图设计、Bmob 移动云服务开发、珠海健康云科技有限公司应用案例。

本书适合高职高专院校或者应用型高等院校 IT 相关专业云计算课程的教学或自学使用。

图书在版编目(CIP)数据

云计算应用开发技术教程/曾文英主编. --北京:清华大学出版社,2016(2022.6 重印)
ISBN 978-7-302-44504-3

Ⅰ. ①云…　Ⅱ. ①曾…　Ⅲ. ①云计算—教材　Ⅳ. ①TP393.02

中国版本图书馆 CIP 数据核字(2016)第 171741 号

责任编辑:刘翰鹏
封面设计:傅瑞学
责任校对:李　梅
责任印制:宋　林

出版发行:清华大学出版社
　　　　网　　　址:http://www.tup.com.cn,http://www.wqbook.com
　　　　地　　　址:北京清华大学学研大厦 A 座　　　　　　邮　　编:100084
　　　　社 总 机:010-83470000　　　　　　　　　　　　邮　　购:010-62786544
　　　　投稿与读者服务:010-62776969,c-service@tup.tsinghua.edu.cn
　　　　质量反馈:010-62772015,zhiliang@tup.tsinghua.edu.cn
　　　　课件下载:http://www.tup.com.cn,010-62770175-4278

印 装 者:三河市龙大印装有限公司
经　　销:全国新华书店
开　　本:185mm×260mm　　　印　张:12　　　字　　数:285 千字
版　　次:2016 年 8 月第 1 版　　　　　　　　印　　次:2022 年 6 月第 6 次印刷
定　　价:35.00 元

产品编号:053585-02

前　言

　　云计算作为新的 IT 服务模式和商业模式,已引起人们极大关注和广泛应用。云计算时代的软件开发技术将计算、存储和软件等资源以服务的形式提供给用户,按需使用和计费,具有资源虚拟化、可伸缩性强、多租户、个性化定制等特点。云计算根据开放程度不同,可分为公有云、私有云、混合云。公有云是云计算生产商和供应商提供给公众按需使用的云平台;私有云是企业利用自身资源构建的服务于企业内部的云平台;混合云是兼用公有云与私有云进行应用部署的云平台。云计算产业需要大量掌握新技术的应用设计及开发人才,为此,需要进行基于云计算的 IT 课程体系改革,通过分析云计算相关技术,基于云计算平台及服务,构建云计算人才需求与 IT 课程的对应关系,以实现 IT 教育与云计算产业对接,促进云计算应用开发人才的培养,快速应对产业链人才需求。

　　传统的 IT 课程体系主要侧重于培养基于 PC 或网络平台的 C/S、B/S 模式的软件开发人才。随着云计算应用的深入,基于云计算的软件开发具有与传统 IT 开发不同的模式和方法,因而需要在课程教学上进行变革,以适应新的应用开发需求。斯坦福、卡内基-梅隆等大学已将 Hadoop 引入计算机科学课程。北京航空航天软件学院开设了移动云计算专业作为软件工程硕士专业,目标是培养具有云计算服务端和各类移动终端开发技术和能力的实用型移动云计算软件工程师、美工设计师及项目管理高端人才。

　　云计算课程包括云计算平台的构建,基于云平台的应用设计与开发、部署等。云计算服务模式根据其所处层次的不同,可分为 IaaS(Infrastructure as a Service,基础设施即服务)、PaaS(Platform as a Service,平台即服务)、SaaS(Software as a Service,软件即服务)三种,分别具有商用或开源的产品,基于云计算的 IT 课程体系可按此层次进行开设和实施教学,也可基于项目化和任务导向进行基于工作过程的教学实践,也可根据专业需求选用行业云服务进行领域业务流程教学。日常教学中可选用开源云计算平台,在课程设计和综合实训阶段可基于开源,也可借助商用云平台进行试用或租用。

　　基于以上考虑,本书采用业界主流的云计算技术进行编写,分别从云计算的发展与应用,虚拟化技术,基于 Hadoop 的云存储原型系统构建、设计与开发,NoSQL 数据库 Cassandra,基于 Google App Engine 的设计与开发,作为 SaaS 的云表软件设计与开发,基于百度地图的 Android 开发等进行组织编排,在逻辑上符合云计算的 IaaS、PaaS、SaaS 三层架构,并涵盖了私有云、公有云案例。总之,本书具有较好的理论系统性、易理解性、实践性、可操作性和符合业界技术应用特点,适合高校 IT 相关专业云计算课程的教学或自学。

　　本书由曾文英教授主持编写,珠海乐图软件技术有限公司张军总经理、珠海健康云科技有限公司陆德庆总裁等提供企业案例,刘海、黄超、廖海生、何拥军、龙立功、徐承亮、秦宇、

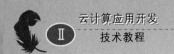
胡玉贵、赖小卿、曾俊威、刘晓林、陈华政、赵曦、彭家龙、徐龙泉、游琪、杨叶芬、樊红珍、扶卿妮、孟玉荣等也参与了相关内容编写、建议及资料收集工作。在编写过程中得到了广东科学技术职业学院计算机工程技术学院院长余爱民教授的指导和大力支持,以及珠海伟诚科技股份有限公司的刘玉成副总经理(兼技术总监)、陈金活项目经理,格辉科技有限公司的蒋骞技术总监,珠海杰通尼电子有限公司李大军总经理,珠海健康云科技有限公司苟思瑶、南燕等的热诚支持和帮助,本书的编写也借鉴了大量行业企业相关云计算资料,在此一并表示衷心感谢!

由于水平有限,不足之处在所难免,敬请各位专家和同人指正!编者的 E-mail 联系方式为 kgyzwy@126.com。

编　者

2016 年 5 月

目 录

第 1 章

云计算概述

内容提要

（1）云计算的概念与优势；

（2）云计算的体系结构及分类；

（3）云计算的应用实例；

（4）云计算的开发方法。

目　标

了解云计算的概念、体系结构及分类、云计算应用及基本开发技术与方法。

重　点

云计算的体系结构及分类。

难　点

云计算的开发方法。

1.1　云计算的概念与优势

自 1946 年公认的第一台计算机诞生以来，计算模式由单机、终端-主机、客户端-服务器，到以浏览器-服务器为特征的互联网演变。根据维基百科（wikipedia. org），云计算（Cloud Computing）是一种基于互联网的计算，包括网络、计算、存储等在内的信息服务基础设施，包括操作系统、应用平台、Web 服务等软件资源及信息资源等服务，如同电网、自来水一样可按需使用和付费。如 Google 的 APP Engine 云、Amazon 的 EC2、Salesforce. com 业务运营模式、IBM RC2 云，其硬件和软件均为资源，并被封装为服务，用户可通过网络按需访问和使用。云计算具有动态、可扩展、可配置的资源，并以服务形式提供给用户。云计算具有以下特征：①硬件和软件等资源以服务的方式提供给用户；②资源可根据需要进行动态扩展和配置；③资源在物理上为分布式，在逻辑上以单一整体的形式呈现，提供给用户共享；④用户按需使用云计算资源，按实际使用量付费，不需管理它们。

云计算技术可简化服务部署，提高运行维护效率，降低管理复杂性，提高资源利用率。云计算的技术基础是服务器虚拟化和虚拟器件。云计算产生的动力是：①芯片和硬件技术的飞速发展,成本大幅下降;②虚拟化技术的成熟使得硬件资源可被有效地细粒度分割和管理,以服务的形式提供给用户;③SOA面向服务架构的广泛应用,易于组织云资源和服务;④软件即服务模式的流行,云计算以服务形式向用户交付;⑤互联网技术的发展使网络带宽和可靠性大幅提高;⑥Web 2.0技术的流行创新了用户体验,培育了使用群。

云计算的优势有以下几点。①优化产业布局:IT产业从自给自足的作坊模式转化为规模化效应的工业化运营,大规模且充分考虑资源合理配置的数据中心将成为数据中心的主流。②推进专业分工:云计算提供商普遍采用大规模数据中心,比中小型数据中心更专业,管理水平更高,提供单位计算力成本更低廉,新兴科技公司将在云计算中成长起来。③提升资源利用率:据统计,多数企业数据中心的资源利用率在15%以下,甚至5%以下。在云计算平台中,若干企业的业务系统共用一个大的资源池,通过动态资源调度机制对资源实时、合理的分配,利用率可达80%以上。④减少初期投资:云计算可取代传统的企业专有数据中心,用户可租用云计算提供商的IT基础设施,而不需进行巨大的一次性IT投资,并可以按照自己的实际使用量付费。⑤降低运营成本:云计算可对应用管理能实现动态、高效、自动化。用户创建一个应用时,能用最少的操作和极短的时间完成资源分配、服务配置、服务上线和激活等操作;用户停用一个服务时,云计算能自动完成服务停止、服务下线、删除服务配置和资源回收等操作。⑥产生创新价值:云计算能形成新的业务价值链,促进跨领域创新协作,创造更多的就业机会,新兴服务和新兴产业,对行政、教育、医疗等各行业产生深远影响。如我国台湾地区2010年4月推出的云计算产业发展方案跨越5年,投资240亿元新台币,预计将创造5万个就业岗位,实现1万亿元新台币产值。

1.2　云计算的体系结构及分类

1.2.1　云计算体系结构及平台分类

云计算可根据服务类型分为基础设施云、平台云和应用云,其实例依次为Amazon EC2提供计算、存储和网络资源,Google App Engine提供托管平台,Salesforce.com提供针对某一项特定功能的应用。

按服务方式分类,可分为:①公有云(Public Cloud),由若干企业和用户共同使用的云环境,如Amazon EC2、Google AppEngine、Salesforce.com等;②私有云(Private Cloud),由某个企业独立构建和使用的云环境,通过企业内部网为企业内部用户使用,如IBM RC2;③混合云(Hybrid Cloud),整合了公有云和私有云所提供服务的云环境,如帮助与培训系统从公有云获得,数据仓库、分析与决策系统从私有云中获得。有分析指出,中小型企业和创业公司将选择公有云,金融机构、政府机关和大型企业倾向于选择私有云或混合云。

与云计算相关的概念有并行计算、网格计算、效用计算和物联网等。

(1) 并行计算(Parallel Computing):将一个科学计算问题分解为多个小计算任务,在并行计算机上同时执行,一般应用于军事、能源勘探、生物、医疗等对计算性能要求极高的领域。并行计算机一般是同构处理单元的集合,通过通信和协作解决大规模计算问题。并行计算机系统结构有共享存储的对称多处理器(SMP)、分布式存储的大规模并行机(MPP)、松散耦合的分布式工作站机群(COW)等。并行计算机是云环境的重要组成部分。云计算与并行计算的区别是,并行计算需采用特定的编程范例执行单个大型任务或运行某些特定应用,云计算需考虑如何为数以千万计的不同种类应用提供高质量的服务环境,提供相应的服务。

(2) 网格计算(Grid Computing):一种分布式计算模式,将分散在网格中的空闲服务、存储系统和网络连接在一起,形成一个整合系统。它以高效的方式管理分布式异构松耦合资源,并通过任务调度协调合作完成一项特定的计算任务。网格计算中多个零散资源为单个任务提供运行环境,云计算是单个整合资源为多个用户服务。

(3) 效用计算(Utility Computing):指 IT 资源(计算和存储等)能按需提供给用户,并按实际使用情况收费。目的是提高资源的有效利用率,与云计算中资源使用理念相符。云计算关注在互联网时代以其自身为平台开发、运行和管理不同的服务,硬件、应用的开发、运行和管理等均以服务的形式提供,技术和理念涵盖的范围更广、更可行。

(4) 物联网(Internet of Things,IoT):是将人、物理实体和信息系统互联的全球性的系统。如高速公路不停车收费、公路铁路车辆调度、物流货品追踪管理、手机移动支付系统等。可将物联网看作处于前端的传感器与网络设备、处于核心的云计算海量数据处理平台和处于上层的应用系统三者的结合体。

1.2.2　云计算架构

云计算服务可分为三种:基础设施即服务(IaaS)、平台即服务(PaaS)、软件即服务(SaaS)。

1. 基础设施即服务

主要指硬件设备(计算机、交换机、路由器、防火墙、机架、因特网、局域网、存储设备等),采用虚拟主机、操作系统及硬件管理技术等实现。

2. 平台即服务

处于基础设施即服务的上层,主要指网格计算、并行计算、负载均衡、数据库等软件平台,在此基础上需进行开发才可使用。

3. 软件即服务

处于最高层,用户可直接使用,如博客管理系统、内容管理系统、企业资源计划系统、科学计算软件、办公软件等。面向服务架构 SOA 可视为 PaaS 与 SaaS 的结合体。

在云计算中资源安全十分重要,针对云计算中的不同服务层次,需逐级建立认证及授权系统、日志监控、防火墙、杀毒系统等。通常有针对专门云计算系统的安全系统,或针对数据的安全审核、安全协议等。

一般用户使用 SaaS 上的应用,开发人员需使用 PaaS、SaaS 创建应用,系统及网络管理员关注构建 IaaS 与 PaaS。

1.3　云计算的应用实例

本节介绍主流的云计算应用实例。常见的公共云计算平台有:Google APP Engine、Amazon AWS、IDC 服务、云计算办公服务、云计算科学计算、各公司推出的云手机、云计算管理软件、云安全等。

开发实例：Java 宠物商店。

1.3.1 环境配置

1. Java 开发运行包 JDK

（1）下载 JDK6

可从 http://www.oracle.com/technetwork/java/javase/downloads/index.html 上下载 JDK6。

（2）安装 JDK6

在 Windows 系统中双击下载的安装包，安装 Java 开发包和 Java 运行时环境。

（3）设置环境变量

右击"我的电脑"图标，选择"属性"菜单项，在弹出的系统属性菜单中选择"高级"。单击"环境变量"按钮，编辑用户变量，设置 JAVA_HOME 环境变量，如 D:\Program Files(x86)\Java\jdk1.6.0_10\bin。在 PATH 变量中增加 JDK 路径，如 D:\Program Files(x86)\Java\jdk1.6.0_10\bin。

（4）验证 Java SDK 安装是否成功

命令为 java-version，若成功安装，则显示版本信息。

（5）安装 Java SDK

Hadoop 等适合安装在 Linux 系统上，并基于 Java 开发，因此也需在 Linux 系统中安装 Java SDK：

```
chmod _x jdk-6u10-linux-i586.bin
```

运行该文件。

在 Bash shell 中设置环境变量：

```
export JAVA_HOME=/OPT/了INUX/JDK1.6.10_x86
export PATH=$JAVA_HOME/bin:$ PATH
```

2. 安装 Eclipse 或 MyEclipse 开发环境

（1）下载 Eclipse 开发工具

从 http://www.eclipse.org/downloads/上下载开发工具，若需编写可在 Tomcat 服务器上运行的应用程序，可选择 Eclipse IDE for Java EE Developers。

安装插件：选择 Help/Install New Software/Add 添加插件下载地址，或将插件复制到 eclipse/plugins 目录中。

（2）安装 MyEclipse 开发环境

此处选择了安装 MyEclipse 8.6。

3. Java 应用服务器 Tomcat

（1）下载 Tomcat 6.0 应用服务器

登录 http://tomcat.apache.org/download-60.cgi 下载。如选择 32-bit Windows.zip 安装包：apache-tomcat-6.0.37-windows-x86.zip。

（2）安装 Tomcat 6.0 应用服务器

解压 Tomcat 安装包，设置 Tomcat 应用服务器的用户名及密码，用记事本打开 C:\

tomcat\apache＝tomcat-6.0.37\conf\tomcat-users.xml，添加如下代码：

```
<tomcat-users>
    <role rolename="manager"/>
    <role rolename="tomcat"/>
    <role rolename="admin"/>
    <role username="admin" password="123456" roles="admin,manager"/>
</tomcat-users>
```

（3）运行 Tomcat 应用服务器

运行 C:\ apache-tomcat-6.0.37-windows-x86\apache-tomcat-6.0.37\bin\startup.bat
文件，可启动 Tomcat 应用服务器，如图 1-1 和图 1-2 所示。

图 1-1　启动 startup.bat

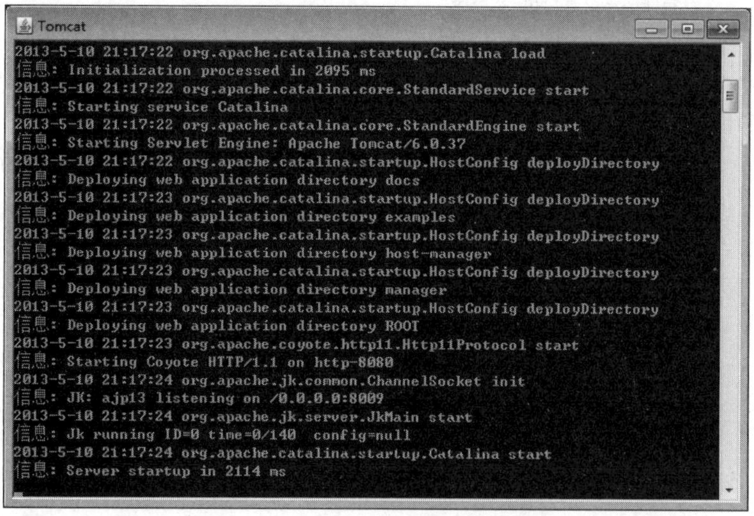

图 1-2　启动 Tomcat 应用服务器

（4）验证安装成功与否

在浏览器中打开 http://127.0.0.1:8080/，可显示 Tomcat 管理页面，如图 1-3 所示。

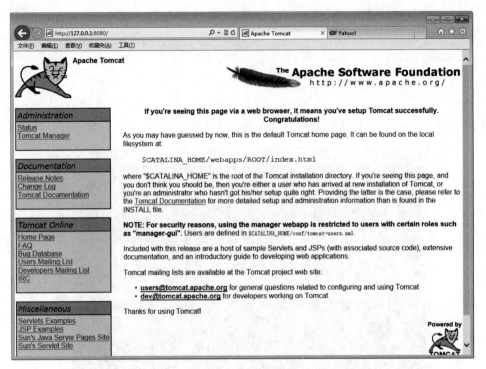

图 1-3　测试成功

单击 Tomcat Manager，输入之前配置的用户名和密码，可管理或上传应用程序包。如图 1-4 和图 1-5 所示。若安装存在问题，可查看 Tomcat 安装目录下的 logs\catalina. 2011-xx-xx. log（其中 xx 是具体的日期信息）。

单击页面中的应用名，进入应用，如图 1-6 所示。

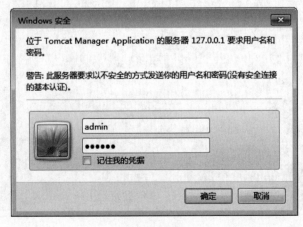

图 1-4　登录

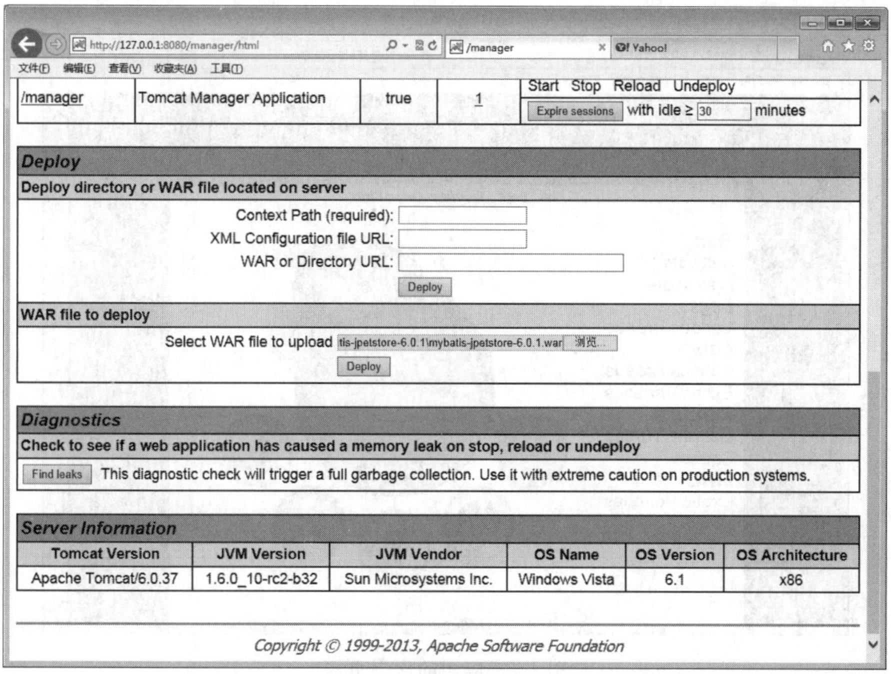

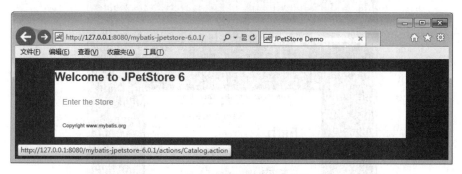

图 1-5　部署应用

图 1-6　单击应用名称后进入的界面

再次单击 Enter the Store 链接，可以看到应用的下一步页面，如图 1-7 所示。

再次单击其中的菜单或图片链接，可查看详细商品信息，如图 1-8 所示。

4．VMware Server 虚拟服务器或 VMware Workstation

从网上下载 VMware Server 虚拟服务器或 VMware Workstation，安装虚拟化环境。

启动 VMware Server 虚拟服务器或 VMware Workstation，然后在其上安装 Linux 操作系统，即可建立 Linux 虚拟机。

1.3.2　源码下载与部署方法

在 http://mybatis.googlecode.com 下载宠物商店实例，然后启动 Tomcat 应用服务器，将实例部署在服务器上。

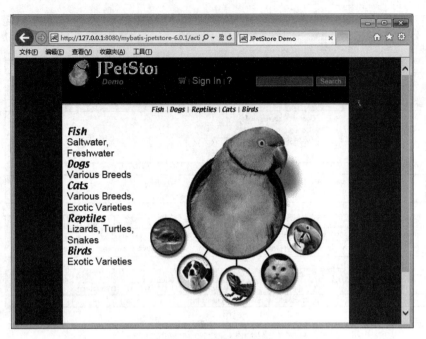

图 1-7　应用的深层页面

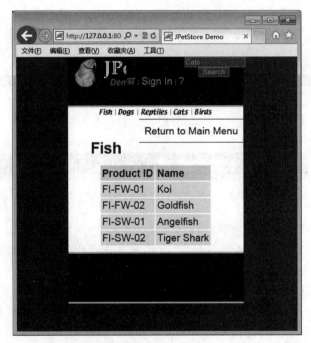

图 1-8　应用的详细页面

1.3.3　测试

在 Tomcat 应用服务器上打开应用页面,可观察到应用。下载 JMeter 测试工具,观察应用的访问性能。

1.3.4 优化

若访问时延大于 10s,则需要优化应用。优化方法主要是增加虚拟机资源(CPU、内存、外存等)。

1.4 云计算的开发方法简介

大部分云计算国内支持 Java 语言作为应用编程语言,也有的使用 C/C++ 语言。

搭建云计算基础架构需要虚拟化、主机管理、负载均衡方面的技术及产品。搭建集群并行计算环境需要 Hadoop、HBase 等常用工具。

本 章 小 结

本章主要介绍了云计算的基本概念和应用实例,以培养对云计算技术的初步认识。

第2章

云计算技术的发展与应用

内容提要

(1) 云计算的发展；

(2) 云计算的特点；

(3) 云计算架构与平台；

(4) 云计算核心技术；

(5) 云计算应用案例；

(6) 云计算趋势。

目　标

了解云计算技术的发展与应用，并认识几款主流的云计算应用，了解云计算的发展、特点、架构、应用及发展趋势。

重　点

云计算技术的发展、主流的云计算应用。

难　点

云计算架构与平台。

2.1　云计算的发展

2.1.1　云计算的发展历程

把 IT 发展归纳为三个阶段，如图 2-1 所示，可称为三次 IT 浪潮：第一次 IT 浪潮是从 20 世纪 60 年代大型机时代向 80 年代的微型机时代过渡的阶段；第二次 IT 浪潮是从 20 世纪 80 年代微型机时代向 90 年代互联网时代过渡的阶段；第三次 IT 浪潮是从 90 年代互联网时代向 2010 年前后云计算时代过渡的阶段。

1983 年，太阳计算机系统公司(Sun Microsystems)提出"网络是计算机"(The Network is the Computer)。

2006 年 3 月，亚马逊推出弹性计算云服务。

2006 年 8 月 9 日，Google 前首席执行官埃里克·施密特在搜索引擎大会上首次提出云

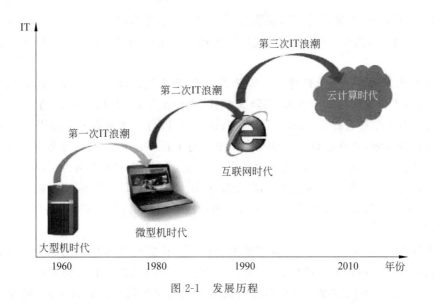

图 2-1　发展历程

计算的概念。Google 云端计算源于 Google 工程师克里斯托弗·比希利亚所做的"Google 101"项目。

2007 年 10 月，Google 与 IBM 开始在美国大学校园，包括卡内基-梅隆大学、麻省理工学院、斯坦福大学、加州大学伯克利分校及马里兰大学等，推广云计算的计划，这项计划希望能降低分布式计算技术在学术研究方面的成本，并为这些大学提供相关的软硬件设备及技术支持，而学生则可以通过网络开发各项以大规模计算为基础的研究计划。

2008 年 1 月 30 日，Google 宣布在我国台湾启动"云计算学术计划"，将与我国台湾的台湾大学、台湾交通大学等学校合作，将这种先进的大规模、快速计算技术推广到校园。

2008 年 2 月 1 日，IBM 宣布将在中国无锡太湖新城科教产业园为中国的软件公司建立全球第一个云计算中心(Cloud Computing Center)。

2008 年 7 月 29 日，雅虎、惠普和英特尔宣布一项涵盖美国、德国和新加坡的联合研究计划，推出云计算研究测试床，推进云计算。该计划要与合作伙伴创建 6 个数据中心作为研究试验平台，每个数据中心配置 1 400～4 000 个处理器。这些合作伙伴包括新加坡资讯通信发展管理局、德国卡尔斯鲁厄大学 Steinbuch 计算中心、美国伊利诺伊大学香槟分校、英特尔研究院、惠普实验室和雅虎。

2008 年 8 月 3 日，美国专利商标局网站信息显示，戴尔正在申请云计算商标，此举旨在加强对这一未来可能重塑技术架构的术语的控制权。

2010 年 3 月 5 日，Novell 与云安全联盟共同宣布一项供应商中立计划，名为"可信任云计算计划"。

2010 年 7 月，美国国家航空航天局和包括 Rackspace、AMD、Intel、戴尔等支持厂商共同宣布 OpenStack 开放源代码计划，微软在 2010 年 10 月表示支持 OpenStack 与 Windows Server 2008 R2 的集成；而 Ubuntu 已把 OpenStack 加至 12.04 版本中。

2011 年 2 月，思科系统正式加入 OpenStack，重点研制 OpenStack 的网络服务。

2011 年 10 月 20 日，中国盛大集团宣布旗下产品 MongoIC 正式对外开放，这是中国第一家专业的 MongoDB 云服务，也是全球第一家支持数据库恢复的 MongoDB 云服务。

2011 年下半年，上海世纪互联依靠第三方的技术和平台，推出云主机。2012 年，杭州网银互联 LinkCloud、西部数码、太平洋电信陆续推出云主机，如今，各主要 IDC 服务商均有云主机在售。

IBM 宣布投资 3 亿美元新建云计算基础设备，推出蓝云（Blue Cloud）计划，创建大型商业中心；与各大美国校园如卡内基-梅隆大学、麻省理工学院、斯坦福大学、加州大学伯克利分校及马里兰大学等合作。Yahoo、HP 与 Intel 合作进行一项涵盖美国、德国和新加坡的大型云计算研究计划，建立云计算测试平台。微软与 HP、Citrix System 等多家供应商共同宣布成立云计算联盟，提供企业最适合的私有云环境。Dell 以 x86 架构为主，推出虚拟化、标准化及自动的云计算设备建构方案。在亚洲，中国、日本、韩国等国家的电信业龙头在北京召开"云圆桌论坛"，商讨云计算在亚洲的共同解决方案。韩国仁川市松岛与美国 Cisco 合作打造智能都市。

资源池化、虚拟化、弹性计算、动态扩展、自动化、按需付费等概念已成为云计算的特征词汇。已有种种不同的云计算概念：计算云、存储云、安全云、应用云、应用环境云，等等，而不同的云计算针对不同的服务对象各自有截然不同的层次划分。如 Amazon 的 Web Service 提供的是基础设施层上的云计算，Google 提供的是架构层、平台层和应用层上的云计算，如 Google Compute Engine、Google App Engine、Google Apps、Gmail、YouTube、Google Docs、Google Talk、Google Calendar、Google Gadge 等。

云计算的发展历程及各阶段相关技术分别如图 2-2 和表 2-1 所示。

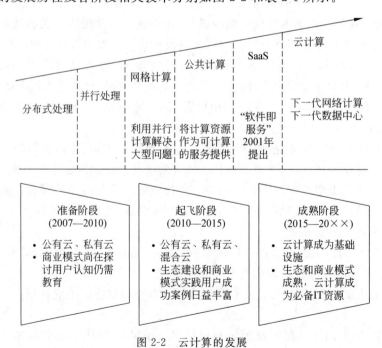

图 2-2　云计算的发展

云计算是一种基于因特网的超级计算模式，在远程的数据中心里，成千上万台计算机和服务器连接成一片计算机云。因此，云计算甚至可以让用户体验每秒 10 万亿次的运算能力，拥有这么强大的计算能力可以模拟核爆炸、预测气候变化和市场发展趋势。用户通过计算机、手机等方式接入数据中心，按自己的需求进行运算。

表 2-1　云计算的发展与相关技术

序号	阶段	特　　征
1	ISP 1.0	提供互联网接入（拨号、ISDN、T1、T3）
2	ISP 2.0	互联网接入端的服务器访问
3	ISP 3.0	在互联网接入端为设备提供支撑
4	ISP 4.0	在互联网接入端服务器上的主机应用程序（传统设计）（ASP），包含 SaaS（基于互联网的应用程序和服务）
5	ISP 5.0	云计算，为主机应用程序提供的动态的、网络优化的基础架构，包含 IaaS（基于互联网的按需计算与存储）、PaaS（基于互联网的开发平台）、SaaS（基于互联网的应用程序和服务）

IBM 的创立者托马斯·沃森曾表示，全世界只需要 5 台计算机就足够了。比尔·盖茨则在一次演讲中称，个人用户的内存只需 640KB 足矣。李开复打了一个很形象的比喻——钱庄。最早人们只是把钱放在枕头底下，后来有了钱庄，很安全，不过兑现起来比较麻烦。现在发展到银行可以到任何一个网点取钱，甚至通过 ATM，或者国外的渠道。

云计算是这样一种变革——由谷歌、IBM 这样的专业网络公司来搭建计算机存储、运算中心，用户通过一根网线借助浏览器就可以很方便地访问，把"云"作为资料存储以及应用服务的中心。

狭义的云计算是指 IT 基础设施的交付和使用模式，通过网络以按需、易扩展的方式获得所需的资源（硬件、平台、软件）。提供资源的网络被称为"云"，"云"中的资源在使用者看来是可以无限扩展的，并且可以随时获取、按需使用、随时扩展、按使用付费。这种特性经常被称为像水电一样使用 IT 基础设施。广义的云计算是指服务的交付和使用模式，通过网络以按需、易扩展的方式获得所需的服务。这种服务可以是 IT 和软件、互联网相关的，也可以是任意其他的服务。

云计算是 IT 消费和交付的演进模式，通过互联网或内部网络以自助服务方式提供，具有灵活、即购即用的业务模式，需要采用高效和可扩展的架构。在云计算架构中，服务和数据存在于共享、动态可扩展的资源池（通常经过虚拟化处理）内。

云计算是一个虚拟的计算资源池，它通过互联网提供给用户使用资源池内的计算资源。完整的云计算是一整个动态的计算体系，提供托管的应用程序环境，能够动态部署、动态分配/重分配计算资源、实时监控资源使用情况。云计算通常具有一个分布式的基础设施，能够对这个分布式系统进行实时监控，以达到高效使用的目的。

Amazon AWS、Google 的 GAE（Google App Engine）、IBM 的 Blue Cloud、Sun 的 Network.com 等都可以看成云计算的一种，它们都拥有一个分布式的计算环境，并通过互联网提供服务，能实现动态的资源分配以及种种其他云计算要求的条件。

Oracle Linux & VM 事业部大中国区业务发展顾问秦小康表示，"借用 NIST 对云计算的定义：云计算是一种可以方便地按需从网络访问可配置计算资源池（例如，网络、服务器、存储设备、应用程序以及服务）的模型，且只需最少的管理或服务提供方参与，即可快速供应和发布这些资源。云计算模型由 5 个重要特征、3 种服务类型和 4 种部署模型组成"。

云计算的特征主要包含 5 个方面：自服务（用户可以自己申请需要多少资源、什么样的资源)、虚拟化、高效和灵活、按需付费、统一的计算模式。云计算的 3 种服务类型分别是：SaaS、PaaS、IaaS。云计算的 4 种部署模型分别是：私有云、社区云、公有云、混合云。

2.1.2　我国云计算的发展

作为云计算兴起最早的国家，美国一直引领着云计算的发展。而在我国，云计算虽然起步较晚，却发展迅速。整体而言，目前我国云计算产业的发展已走出了一条独特的"中国道路"。我国的云计算产业发展得到了政府多项政策的扶持。早在 2010 年，我国就将云计算产业列为国家重点培育和发展的战略性新兴产业，工信部、国家发改委等部委联合确定在北京、上海、深圳、杭州、无锡 5 个城市先行开展云计算服务创新发展的试点示范工作。自此，我国的云计算产业逐步从概念走向落地。2011 年，国家发改委、财政部、工信部批准国家专项资金支持云计算示范应用，支持资金总规模高达 15 亿元，首批资金下拨到北京、上海、深圳、杭州、无锡 5 个试点城市的 15 个示范项目。2012 年《"十二五"国家战略性新兴产业发展规划》出台，将物联网和云计算工程作为中国"十二五"发展的二十项重点工程之一，云计算产业规模得到了快速发展。

随着政府以及 IT 厂商的积极推动，中国云计算产业生态链的构建正在进行中。在政府的监管下，云计算服务提供商与软硬件、网络基础设施服务商以及云计算咨询规划、交付、运维、集成服务商、终端设备厂商等一同构成云计算的产业生态链，为政府、企业和个人用户提供服务。目前，中国共有超过 20 个城市将云计算作为重点发展产业，中国云计算基础设施集群化分布的特征凸显，已初步形成以环渤海、长三角、珠三角为核心，成渝、东北等重点区域快速发展的基本竞争格局。

2.2　云计算的特点

云计算是分布式处理(Distributed Computing)、并行处理和网格计算的发展，某种意义上可以说是这些计算机科学概念的商业实现。

云计算的基本原理是：通过使计算分布在大量的分布式计算机上，而非本地计算机或远程服务器中，企业数据中心的运行将更与互联网相似，这使得企业能够将资源切换到需要的应用上，根据需求访问计算机和存储系统。这是一种革命性的举措，打个比方，好像是从古老的单台发电机模式转向了电厂集中供电的模式。它意味着计算能力也可以作为一种商品进行流通，就像煤气、水电一样，取用方便，费用低廉。最大的不同在于，它是通过互联网进行传输的。

云计算区别于传统计算的主要属性包括以下几点。

(1) 计算和存储功能被提取出来，并作为服务提供。

(2) 服务构建于具备极高扩展能力的基础架构上。

(3) 服务通过动态、灵活的可配置资源按需提供。

(4) 服务购买方便，并根据实际使用情况付费。

(5) 多名用户共享资源(多租户)。

(6) 任何设备均可通过互联网或内部网络访问服务。

云计算服务特点有以下三点。

（1）服务无处不在：用户只需要一台具备基本计算能力的计算设备以及一个有效的互联网连接。

（2）具备进入成本：用户具备使用该服务的需求，但是并不具备独立提供该服务的经济或者技术条件。超算中心通过发展客户群让多个用户来分担超级计算机的成本，使得其用户能够在不拥有计算设备的情况下以较小的成本完成计算任务。

（3）用户决定应用：云计算平台提供计算能力（包括处理器、内存、存储、网络接口），但是并不关心用户的应用类型。

通常，云计算基本特征如图 2-3 所示，具体如下。

（1）基于虚拟化技术快速部署资源或获得服务。

（2）实现动态的、可伸缩的扩展。

（3）按需求提供资源、按使用量付费。

（4）通过互联网提供、面向海量信息处理。

（5）用户可以方便地参与。

（6）形态灵活，聚散自如。

（7）减少用户终端的处理负担。

（8）降低了用户对于 IT 专业知识的依赖。

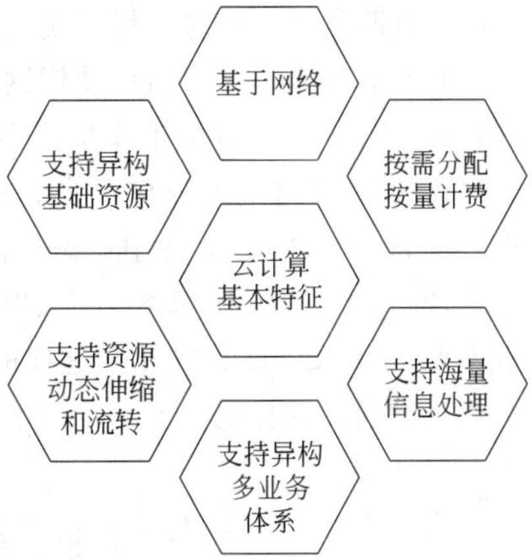

云计算面临诸多挑战，主要包括以下方面。

（1）当迁移至云计算环境中，保持关键业务应用的稳定性至关重要。

图 2-3　云计算基本特征

（2）如果在公有云内使用共享资源和新工具时，则知识产权保护、数据安全和保密信息都需要额外的关注。

（3）当云计算工具演进时（云计算的演进过程如图 2-4 所示），资源池的自动化和灵活性将会受到影响。

（4）选择具备出色灵活性和互操作性的解决方案。

（5）要确保基于云的应用能够提升用户工作效率。

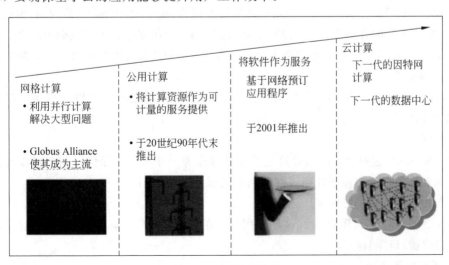

图 2-4　云计算的演进

2.3 云计算的优势

云计算具有比传统计算机应用或网络应用更多的优势。

（1）安全。云计算提供了最可靠、最安全的数据存储中心，用户不用再担心数据丢失、病毒入侵等麻烦。

（2）方便。它对用户端的设备要求最低，使用起来很方便。

（3）数据共享。它可以轻松实现不同设备间的数据与应用共享。

（4）无限可能。它为用户使用网络提供了几乎无限多的可能。

目前，PC 依然是日常工作生活中的核心工具——用户用 PC 处理文档、存储资料，通过电子邮件或 U 盘与他人分享信息。如果 PC 硬盘坏了，用户会因为资料丢失而束手无策。而在云计算时代，"云"会替用户做存储和计算的工作。"云"就是计算机群，每一群包括了几十万台，甚至上百万台计算机。"云"的好处还在于，其中的计算机可以随时更新，保证"云"长生不老。Google 就有好几个这样的"云"，其他 IT 巨头，如微软、雅虎、亚马逊（Amazon）也有或正在建设这样的"云"。

2.4 云计算的几大形式

1. SaaS

这种类型的云计算通过浏览器把程序传给成千上万的用户。在用户看来，这样会省去在服务器和软件授权上的开支；从供应商角度来看，这样只需要维持一个程序就够了，这样能够减少成本。Salesforce.com 是迄今为止这类服务最为出名的公司。SaaS 在人力资源管理程序和 ERP 中比较常用，Google Apps 和 Zoho Office 也是类似的服务。

2. 实用计算

实用计算是早期已有的概念，但是直到最近才在 Amazon.com、Sun、IBM 和其他提供存储服务和虚拟服务器的公司中新生。这种云计算是为 IT 行业创造虚拟的数据中心使得其能够把内存、I/O 设备、存储和计算能力集中起来成为一个虚拟的资源池来为整个网络提供服务。

3. 网络服务

同 SaaS 关系密切，网络服务提供者提供 API 让开发者能够开发更多基于互联网的应用，而不是提供单机程序。

4. PaaS

另一种 SaaS，这种形式的云计算把开发环境作为一种服务来提供。用户可以使用中间商的设备来开发自己的程序并通过互联网和其服务器传到用户手中。

5. MSP（管理服务提供商）

最古老的云计算运用之一。这种应用更多的是面向 IT 行业而不是终端用户，常用于邮件病毒扫描、程序监控等。

6. 商业服务平台

SaaS 和 MSP 的混合应用，该类云计算为用户和提供商之间的互动提供了一个平台。

比如用户个人开支管理系统,能够根据用户的设置来管理其开支并协调其订购的各种服务。

7. 互联网整合

将互联网上提供类似服务的公司整合起来,以便用户能够更方便地比较和选择自己的服务供应商。

2.5 云计算架构与平台

云计算平台也称为云平台。根据服务类型,云计算平台可以划分为 3 类:以数据存储为主的存储型云平台,以数据处理为主的计算型云平台以及计算和数据存储处理兼顾的综合云计算平台。

云计算平台按照其所提供服务的层次,分为基础设施服务(IaaS,例如在线存储和数据库服务)、平台即服务(PaaS,例如 AMP 虚拟主机和 Java EE 应用服务器容器)和软件即服务(SaaS,例如 Google Docs)。

很多厂商在提到云计算时,往往会同时提到分布式计算(Distributed Computing)、并行计算(Paralle Computing)、网格计算(Grid Computing)、实用计算(Utility Computing)等概念。云计算融合了上述计算概念的特征和优点。

按照部署方式和服务对象的范围,可以将云计算分为四类,即公共云、私有云、社区云和混合云。

公共云由云服务提供商运营,为最终用户提供应用程序、软件运行环境、物理基础设施等各种各样的 IT 资源。在该方式下,云服务提供商需要保证所提供资源的安全性和可能性等非功能性需求,而最终用户不关心具体资源由谁提供、如何实现等问题。

私有云由单一组织所有和使用,云基础设施可由内部或第三方管理,适合于对应用的安全需求很高和数据紧密可控的机构。

混合云结合私有云和公共云,可将安全需求高的应用和私密数据存放在私有云,同时又可将共享应用和数据存放在公共云。

社区云由几个机构支持共享的特定社区构成,适合于多个组织访问相同应用和数据,并可节省费用和共享资源。

总体来说,云计算总体架构如图 2-5 所示。微软云计算参考框架如图 2-6 所示。

Oracle 云基础架构已经在越来越多的行业里应用。Oracle 有自己丰富的云基础架构平台:PaaS,面向服务的;IaaS,面向基础架构的;VaaS,面向虚拟化的。云基础架构可以说是 Oracle 高可用产品的综合展示舞台,在云平台中 Oracle 整合了自己的高可用产品。Oracle Cloud 为业界最广泛的公有云服务,包含 SaaS(软件即服务)、PaaS(平台即服务)、DaaS(资料即服务)和 IaaS(基础设施即服务)服务。与其他仅能提供特定云端服务的供应商不同,Oracle Cloud 能提供广泛性整合式的云端服务,包括资料、应用程序、平台和基础架构。Oracle Cloud 广获业界青睐,每天支持 6 200 万个使用者和 230 亿笔交易。Oracle Cloud 运行于全球 19 个数据中心,内有 3 万台设备和 400PB 的储存系统。甲骨文宣布推出以下 6 款新的 Oracle 云端平台服务。

(1) Oracle 大数据云(Oracle Big Data Cloud):协助客户运用 Hadoop 框架,在安全、弹性、托管式和易用的基础架构平台上分析和处理巨量资料,并与其他 Oracle 云端平台服务

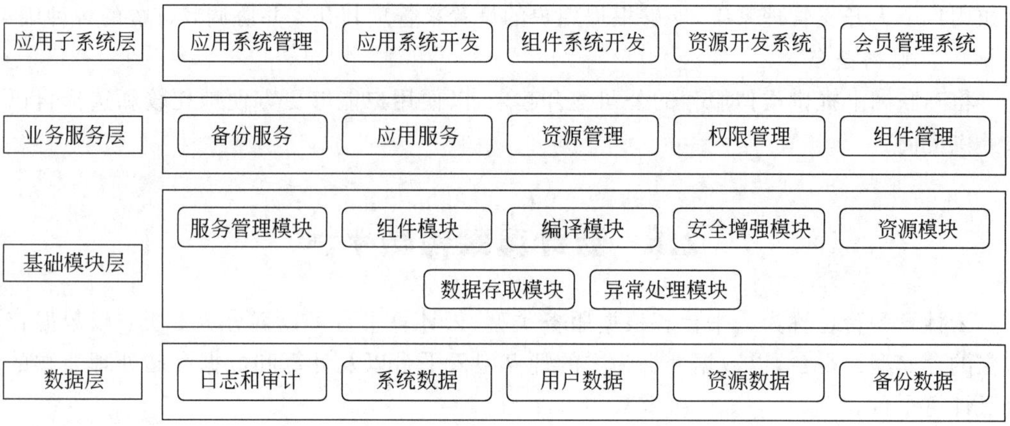
应用子系统层
应用系统管理
应用系统开发
组件系统开发
资源开发系统
会员管理系统
业务服务层
备份服务
应用服务
资源管理
权限管理
组件管理
基础模块层
服务管理模块
组件模块
编译模块
安全增强模块
资源模块
数据存取模块
异常处理模块
数据层
日志和审计
系统数据
用户数据
资源数据
备份数据

图 2-5　云计算开放平台服务架构

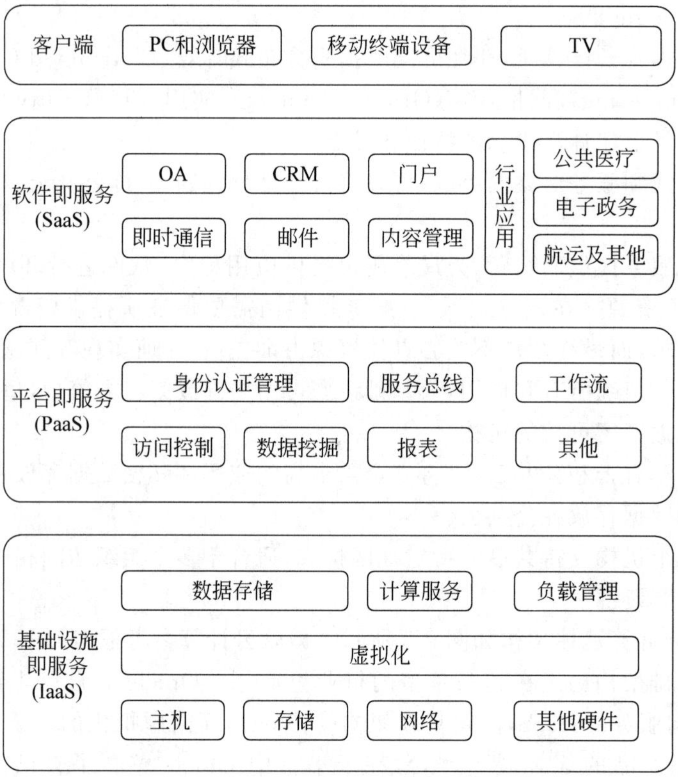
客户端
PC和浏览器
移动终端设备
TV
软件即服务(SaaS)
OA
CRM
门户
即时通信
邮件
内容管理
行业应用
公共医疗
电子政务
航运及其他
平台即服务(PaaS)
身份认证管理
服务总线
工作流
访问控制
数据挖掘
报表
其他
基础设施即服务(IaaS)
数据存储
计算服务
负载管理
虚拟化
主机
存储
网络
其他硬件

图 2-6　微软云计算参考架构

全面整合。

(2) Oracle 移动云(Oracle Mobile Cloud)：协助客户采用云端式的移动后端架构，使企业级移动应用程序快速上线。

(3) Oracle 整合云(Oracle Integration Cloud)：协助客户运用丰富、直觉式的浏览器界面，快速设计、部署、监控和管理云端至云端(cloud-to-cloud)以及云端至用户端(cloud-to-on-premises)的整合。

（4）Oracle 流程云（Oracle Process Cloud）：帮助企业用户设计、部署、监控和最佳化业务流程，提高效率、敏捷度和生产力。

（5）Oracle Node. js 云（Oracle Node. js Cloud）：协助客户在高度可用且动态扩充的 Oracle Cloud 基础架构上，简便、快速地部署 JavaScript 应用程序以及任何函式库（library）。该基础架构具备云端工具，可持续性整合和管理应用程序。

（6）Oracle Java SE 云（Oracle Java SE Cloud）：协助客户在高度可用且动态扩充的 Oracle Cloud 基础架构上，快速部署 Java SE 7 或 Java SE 8 以及任何函式库或框架。其云端工具可持续性整合和管理应用程序。

新增的服务拓展既有的 Oracle 云端平台服务，既有的服务内容包括以下几点。

（1）Oracle 数据库云（Oracle Database Cloud）：可全面掌控特定的数据库实例（instance），支持所有 Oracle 数据库应用软件，为使用者提供更高的灵活度，在甲骨文提供的管理服务层级上，为使用者提供更高的灵活度以及更多的选择。

（2）Oracle 数据库备份云（Oracle Database Backup Cloud）：协助客户以加密、压缩和 3 路镜像的方式，将用户端数据库备份至 Oracle Cloud。

（3）Oracle Java 云（Oracle Java Cloud）：为 Java 应用程序的部署提供 Oracle WebLogic Server 丛集，透过自动化备份、复原、修补和高可用性功能，提供全方位管理控制的权力。

（4）Oracle 讯息云（Oracle Messaging Cloud）：为软件元件之间的通信提供基础架构。

（5）Oracle 开发人员云（Oracle Developer Cloud）：以应用程序生命周期管理和团队协作技术，为开发团队提供托管式开发平台。

（6）Oracle 商业智能云（Oracle Business Intelligence Cloud）：协助使用者为网络及移动设备，建立视觉化、互动性的仪表板。

（7）Oracle 文件云（Oracle Documents Cloud）：为移动设备、台式计算机之间以及用户端和云端应用的整合，提供弹性、安全的档案共享和协作解决方案。

云存储作为云基础设施即服务的重要资源，其整体架构如图 2-7 所示。

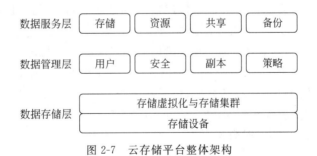

图 2-7　云存储平台整体架构

2.6　云计算核心技术

云计算系统运用了许多技术，其中以编程模型、数据管理技术、数据存储技术、虚拟化技术、云计算平台管理技术最为关键。

现对云计算核心技术简介如下。

（1）编程模型

MapReduce 是 Google 开发的 Java、Python、C++ 编程模型，它是一种简化的分布式编程模型和高效的任务调度模型，用于大规模数据集（大于 1TB）的并行运算。严格的编程模型使云计算环境下的编程十分简单。MapReduce 模式的思想是将要执行的问题分解成 Map（映射）和 Reduce（化简）的方式，先通过 Map 程序将数据切割成不相关的区块，分配（调度）给大量计算机处理，达到分布式运算的效果，再通过 Reduce 程序将结果汇整输出。

（2）海量数据分布存储技术

云计算系统由大量服务器组成，同时为大量用户服务，因此云计算系统采用分布式存储的方式存储数据，用冗余存储的方式保证数据的可靠性。云计算系统中广泛使用的数据存储系统是 Google 的 GFS 和 Hadoop 团队开发的 GFS 的开源实现 HDFS。GFS 即 Google 文件系统（Google File System），是一个可扩展的分布式文件系统，用于大型的、分布式的、对大量数据进行访问的应用。

GFS 的设计思想不同于传统的文件系统，是针对大规模数据处理和 Google 应用特性而设计的。它运行于廉价的普通硬件上，但可以提供容错功能。它可以给大量的用户提供总体性能较高的服务。一个 GFS 集群由一个主服务器（master）和大量的块服务器（chunkserver）构成，并被许多客户（Client）访问。主服务器存储文件系统所有的元数据，包括名字空间、访问控制信息、从文件到块的映射以及块的当前位置。它也控制系统范围的活动，如块租约（lease）管理，孤儿块的垃圾收集，块服务器间的块迁移。主服务器定期通过 HeartBeat 消息与每一个块服务器通信，给块服务器传递指令并收集它的状态。GFS 中的文件被切分为 64MB 的块并以冗余存储，每份数据在系统中保存 3 个以上备份。客户与主服务器的交换只限于对元数据的操作。所有数据方面的通信都直接和块服务器联系，这大大提高了系统的效率，防止主服务器负载过重。

（3）海量数据管理技术

云计算需要对分布的、海量的数据进行处理、分析，因此，数据管理技术必须能够高效地管理大量的数据。云计算系统中的数据管理技术主要是 Google 的 BT（Big Table）数据管理技术和 Hadoop 团队开发的开源数据管理模块 Hbase。BT 是建立在 GFS、Scheduler、Lock Service 和 MapReduce 之上的一个大型的分布式数据库。与传统的关系数据库不同，它把所有数据都作为对象来处理，形成一个巨大的表格，用来分布存储大规模结构化数据。Google 的很多项目使用 BT 来存储数据，包括网页查询、Google Earth 和 Google 金融。这些应用程序对 BT 的要求各不相同，数据大小（从 URL 到网页到卫星图像）不同，反应速度不同（从后端的大批处理到实时数据服务）。

（4）虚拟化技术

通过虚拟化技术可实现软件应用与底层硬件相隔离，它包括将单个资源划分成多个虚拟资源的裂分模式，也包括将多个资源整合成一个虚拟资源的聚合模式。虚拟化技术根据对象可分为存储虚拟化、计算虚拟化、网络虚拟化等。计算虚拟化又分为系统级虚拟化、应用级虚拟化和桌面虚拟化。

（5）云计算平台管理技术

云计算资源规模庞大，服务器数量众多并分布在不同的地点，同时运行着数百种应用，如何有效地管理这些服务器，保证整个系统提供不间断的服务是巨大的挑战。云计算系统的平合管理技术能够使大量的服务器协同工作,方便地进行业务部署和开通,快速发现和恢复系统故障,通过自动化、智能化的手段实现大规模系统的可靠运营。云平台的架构如图 2-8 所示,云计算分类及特征如图 2-9 所示。

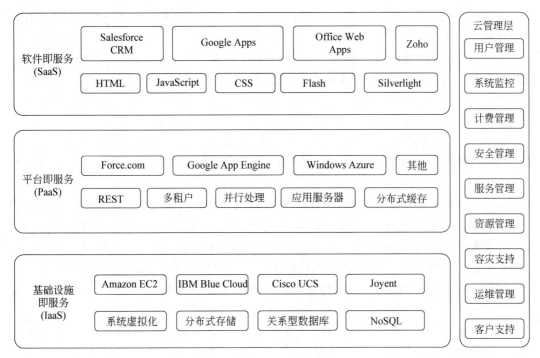

图 2-8　云平台架构

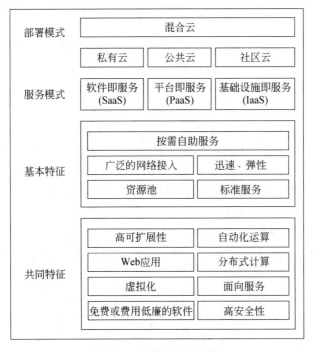

图 2-9　云计算分类及特征

2.1 云计算应用案例

云计算是成熟可商用的技术,而不仅仅是一个概念。很多时候,用户已不知不觉地使用了云计算提供的服务。如 Google、Amazon、微软 Office 365 等就是典型的云计算应用。例如,当使用 Google 搜索时,在页面输入关键词后单击"搜索",分布在世界各地数以万计的计算机按照特定的工作方式,对关键词进行匹配、查找、关联、搜索和汇总,最终将对应信息反馈到页面上。亚马逊 AWS 是目前公有云市场的最大服务商,为大、中、小各型数十万家企业提供了完整的云服务。

微软于 2012 年提出高度联网的软件服务产品 Office 365。它是一款基于云计算的软件,用户不用烦琐地把 Office 安装到计算机上,不用再花钱对计算机硬件进行升级,用户只要能上网,就可以全方位享受 Office 365 带来的全新体验。

通常可根据云计算提供的服务所在的层次对其应用进行划分。IaaS 层的云服务实例包括 Amazon EC2 与 S3、Google Compute Engine、Windows Azure VMs、阿里云等。PaaS 层的云服务实例包括 Google App Engine、微软 Azure 服务、Force. com 平台等。SaaS 层的云服务实例包括 Salesforece CRM、SAP ERP、Google Docs、Helpdesk、Birst、NetSuite 等。随着网络基础设施越来越完备,以及"互联网+"模式的深入发展,SaaS 模式软件将成为企业应用的主流。

云计算是一种基于因特网的超级计算模式,在远程的数据中心,几万台甚至几千万台计算机和服务器连接成一片。因此,云计算甚至可以让用户体验每秒超过 10 万亿次的运算能力,如此强大的运算能力几乎无所不能。用户通过计算机、笔记本电脑、手机等方式接入数据中心,按各自的需求进行存储和运算,好比是从古老的单台发电机模式转向了电厂集中供电的模式。

面向用户的灵活云计算运营包含以下主要元素:资源需求评估(包括 CPU、内存、存储、网络带宽、服务与应用等),定义合适的计费策略,基于 LDAP 的多用户角色策略管理,多样的系统监控和报表,账单系统等。

云计算运营商 Amazon 是一个合作伙伴实例,Oracle 已经认证许可在 Amazon EC2 上运行,而 Amazon 也是 Oracle 支持的第一个公共的 IaaS 提供商。

对应于云计算的架构,云计算产业链的层次构成如图 2-10 所示,依次由硬件设备商、IaaS 服务商、PaaS 服务商、SaaS 服务商组成。而根据参与角色类型,中投顾问在《"十三五"数据中国建设下云计算行业深度调研及投资前景预测报告》中指出,在目前的云计算产业链中,共有六类角色在积极参与,分别是政府、云平台提供商、云系统集成商、云应用开发商、云服务运营商和终端用户,如图 2-11 所示。

政府:主要是制定各项政策、法规,以促进、引导云计算产业健康快速发展,服务国民经济发展和人民生活。

云平台提供商:云计算的实现依赖于能够实现虚拟化、自动负载平衡、随需应变的软硬件平台,在这一领域的提供商主要是传统上领先的软硬件生产商,如 EMC 下的 VMware,以及 RedHat、Oracle、Sun、IBM、Cisco 等。其产品的主要特点是灵活和稳定兼备的集群方案,以及标准化、廉价的硬件产品。国内的对应公司包括浪潮、华为、中兴、联

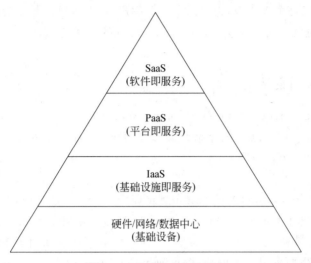

图 2-10 云计算产业链层次

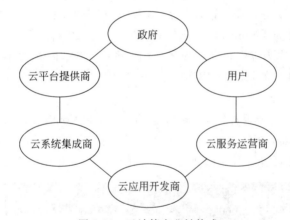

图 2-11 云计算产业链构成

想、方正等。

　　云系统集成商：帮助用户搭建云计算的软硬件平台，尤其是企业私有云。代表厂商包括 IBM、HP 以及亚马逊、Google 以及 AT&T、Verizon 等。这部分公司普遍具有强大的研发能力和足够的技术团队，以及灵活可复制性的产品。国内公司包括华胜天成、浪潮软件、东软集团、神码等。

　　云应用开发商：即 SaaS 应用服务提供商，包括传统软件厂商（如微软的.Live 服务，互联网巨头 Google 的 gmail、map），以及新兴的在线 CRM 解决方案提供商 Salesforce 等。国内主要商用类软件厂商有用友、金蝶、八百客等。

　　云服务运营商：这一部分涵盖了为企业和个人用户提供计算和存储资源的 IaaS 公司，如提供新型数据中心服务的亚马逊、Rackspace、GoGrid，以及为应用开发者提供开发平台的 PaaS 公司（如微软 Azure、GoogleApp 以及 Force.com 等）。这部分是云计算的核心领域之一，今后绝大多数的计算处理以及应用开发都将在这些服务中展开。国内服务商包括通信运营商、网宿科技、神州泰岳等。

终端用户：可以是个人用户，也可以是企业用户，甚至也可以是政府用户。

实际上，各种角色之间相互渗透，边界模糊，传统的设备与软件供应商以不同的角色融入云中。

2.7.1　IaaS 云应用案例

Amazon EC2、S3、Google Compute Engine、Windows Azure 等均属于 IaaS 云，得到广泛的应用，网络资源丰富。以下仅介绍开源云计算 Eucalyptus、OpenStack，以及我国云计算企业宝德云。

1. Eucalyptus

Elastic Utility Computing Architecture for Linking Your Programs To Useful Systems（Eucalyptus）是一种开源的软件基础结构，用来通过计算集群或工作站群实现弹性的、实用的云计算。它最初是美国加利福尼亚大学 Santa Barbara 计算机科学学院的一个研究项目，现在已经商业化，发展成为 Eucalyptus Systems Inc。不过，Eucalyptus 仍然按开源项目那样维护和开发。Eucalyptus Systems 还在基于开源的 Eucalyptus 构建额外的产品，提供支持服务。Eucalyptus 是在 2008 年 5 月发布 1.0 版本，在 2009 年与 Ubuntu 进行合作，成为 Ubuntu Server 9.04 的一个重要特性，目前最新版本是 2.0.3，可以选择 Xen、KVM 作为虚拟化管理程序，对 vSphere ESX/ESXi 提供了支持。Eucalyptus 主要是用 C 和 Java 开发的，其中 CLC 是由 Java 完成的，Tools 是由 perl 完成的，其他的都是 C 完成的。

Eucalyptus 主要由 5 个组件组成，分别是 CLC（Cloud Controller，云控制器）、CC（Cluster Controller，集群控制器）、NC（Node Controller，节点控制器）、SC（Storage Controller，存储控制器）和 Walrus，其架构如图 2-12 所示，多集群安装拓扑如图 2-13 所示。

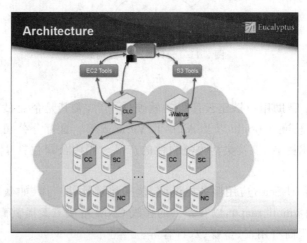

图 2-12　Eucalyptus 架构图

CLC 云控制器：负责管理整个系统。它是所有用户和管理员进入 Eucalyptus 云的主要入口。所有客户机通过基于 SOAP 或 REST 的 API 只与 CLC 通信。由 CLC 负责将请求传递给正确的组件、收集它们并将来自这些组件的响应发送回至该客户机。这是 Eucalyptus 云的对外"窗口"。

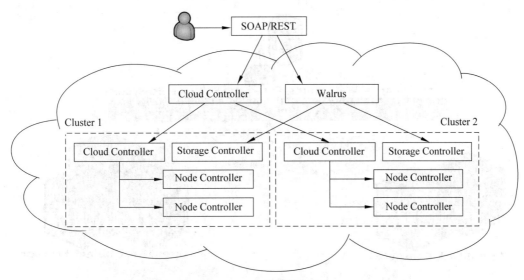

图 2-13　多集群安装拓扑

CC 集群控制器：负责管理整个虚拟实例网络。请求通过基于 SOAP 或 REST 的接口被送至 CC。CC 维护有关运行在系统内的 Node Controller 的全部信息，并负责控制这些实例的生命周期。它将开启虚拟实例的请求路由到具有可用资源的 Node Controller。

NC 节点控制器：主要负责控制主机操作系统及相应的 hypervisor(Xen、KVM 或 VMware)。必须在托管了实际的虚拟实例(根据来自 CC 的请求实例化)的每个机器上运行 NC 的一个实例。

SC 存储控制器：实现了 Amazon 的 S3 接口，SC 与 Walrus 联合工作，用于存储和访问虚拟机映像、内核映像、RAM 磁盘映像和用户数据。其中，VM 映像可以是公共的，也可以是私有的，并最初以压缩和加密的格式存储。这些映像只有在某个节点需要启动一个新的实例并请求访问此映像时才会被解密。

Walrus：负责管理对 Eucalyptus 内的存储服务的访问。请求通过基于 SOAP 或 REST 的接口传递至 Walrus。

2．OpenStack

OpenStack 既是一个社区，也是一个项目和一个开源软件，它提供了一个部署云的操作平台或工具集。其宗旨在于帮助组织运行，为虚拟计算或存储服务的云(公有云、私有云以及大云、小云)提供可扩展的、灵活的云计算。

OpenStack 旗下包含了一组由社区维护的开源项目，它们分别是 OpenStack Compute (Nova)，OpenStack Object Storage(Swift)，以及 OpenStack Image Service(Glance)等。OpenStack 的架构如图 2-14 所示。

OpenStack 作为开源云平台，其套件与商用云平台 Amazon 相比，具有一些对应功能的套件，如表 2-2 所示。

3．宝德云计算

宝德集团致力于 IT 行业领先科技的服务，综合上下游资源，提供灵活定制，按需配置的云计算解决方案，帮助中国企业跨入云时代，以低成本的机会快速成长，掌握未来。

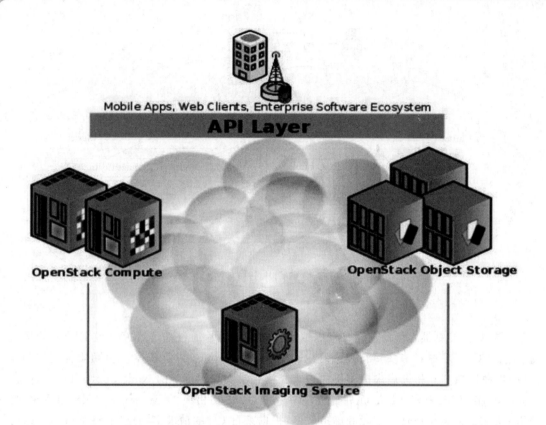

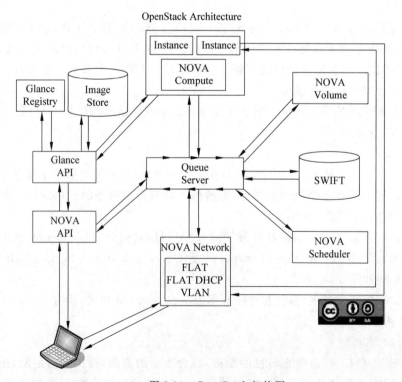

图 2-14　OpenStack 架构图

表 2-2　OpenStack 与 Amazon 云平台的比较

套件名称	套件功能	Amazon AWS 相似的服务
运算套件 Nova	部署与管理虚拟机器	EC2
对象储存套件 Swift	可扩展的分布式存储平台,以防止单点故障,可存放非结构化的数据	S3
区块存储套件 Cinder	整合了运算套件,可让 IT 人员查看存储设备的容量使用状态,具有快照功能	EBS
网通套件 Quantum	可扩展、随插即用,通过 API 管理的网络架构系统,避免部署云端服务时出现瓶颈因素	VPC
身份识别套件 Keystone	具有中央目录,能查看使用者及其使用的服务,提供多种验证方式	None
镜像文件管理套件 Glance	硬盘或服务器的镜像文件寻找、注册以及服务交付等功能	VM Import/Export
仪表板套件 Horizon	图形化的网页接口,使 IT 人员可综观云端服务状况,能统一存取、部署与管理所有云端服务所使用到的资源	Console

宝德云计算具备独有的 5 层架构,如图 2-15 所示,全面覆盖了 MaaS、IaaS、PaaS、SaaS、CaaS 各个层级,可为政府、互联网、广电、安全、金融、电信、税务、交通、医疗等提供尖端的云计算产品及服务。

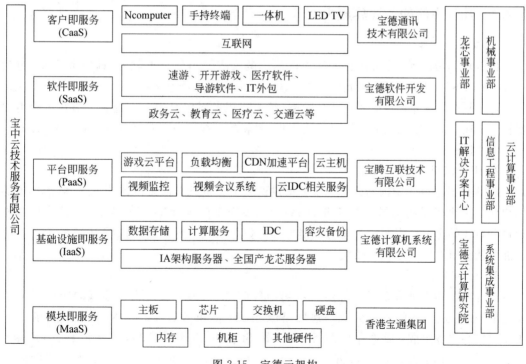

图 2-15　宝德云架构

宝德集团旗下拥有 5 家云计算核心业务子公司:香港宝通集团有限公司、深圳市宝德计算机系统有限公司、深圳市宝腾互联技术有限公司、深圳市宝德软件开发有限公司、深圳市宝德通讯技术有限公司。宝通集团主要肩负着提供云模块的服务和解决方案。宝德计算机系统有限公司是宝德科技集团的核心基础,是宝德云中 IaaS 解决方案的支撑者,宝德计算机提供 Powerleader 服务器和相应的解决方案为主业。宝腾互联致力于全球互联网的开发和应用,为各类企事业单位提供最优质的业务平台(PaaS)——云加速服务平台,已形成一套科学的网络建设方案,从节点定位、设备选择、节点调试、节点维护等各个方面,保证网络规模能够快速增长来满足市场资源的需求。目前宝腾互联在全国 80 多个大中型城市拥有 150 个优质 CDN 节点,覆盖中国电信、中国联通、中国移动、中国铁通、中国教育网等各大电信运营商等,服务中的客户超过 1 000 家。宝德软件是宝德科技集团下属的创新型软件研发公司,致力于通过提供性能卓越的云加速软件、应用交付软件、广域网加速软件、防火墙软件等互联网软件,帮助用户的业务在宝德云中获得最好的 SaaS 服务,目前拥有 IPSec VPN、SSL VPN、CDN 加速、速游网络加速器、应用交付、广域网加速、防火墙、甲克网、服务器导航软件等多款软件产品,并在竞争异常激烈的专业网游加速领域排名市场第 2 位。宝德通讯技术有限公司在宝德作为中国领先的云服务提供商的布局中,更是肩负研发生产各种云端设备的时代使命。

宝德通信技术有限公司与 Intel Embedded Design Center 合作开发的云端设备,将搭载与 Intel Data Center Group 合作开发云端软件,为各种不同客户提供从云计算到云端的整体解决方案,并借助美国恩讯公司在互动电视和视频服务等流媒体技术的领先优势,正朝着中国第一家提供高清游戏点播的云计算整体解决方案供应商迈进。

2.7.2 几款主流的云计算应用

1. 微软云计算

目前来看,微软的云计算发展最为迅速。微软将推出的首批软件(即服务产品)包括 Dynamics CRM Online、Exchange Online、Office Communications Online 以及 Share Point Online。每种产品都具有多客户共享版本,其主要服务对象是中小型企业。单客户版本的授权费用在 5 000 美元以上。针对普通用户,微软的在线服务还包括 Windows Live、Office Live 和 Xbox Live 等。

2. IBM 云计算

IBM 是最早进入中国的云计算服务提供商。中文服务方面做得比较理想,对于中国的用户应是一个不错的选择。2007 年,IBM 公司发布了蓝云(Blue Cloud)计划,这套产品将通过分布式的全球化资源让企业的数据中心能像互联网一样运行。以后 IBM 的云计算将可能包括它所有的业务和产品线。

3. 亚马逊云计算

亚马逊作为首批进军云计算新兴市场的厂商之一,为尝试进入该领域的企业开创了良好的开端。亚马逊的云名为亚马逊网络服务(Amazon Web Services,AWS),目前主要由 4 块核心服务组成:简单存储服务(Simple Storage Service,S3),弹性计算云(Elastic Compute Cloud,EC2),简单排列服务(Simple Queuing Service)以及尚处于测试阶段的 Simple DB。换句话说,亚马逊现在提供的是可以通过网络访问的存储、计算机处理、信息排队和数据库管理系统接入式服务。

4. 谷歌云计算

围绕因特网搜索创建了一种超动力商业模式。如今,谷歌又以应用托管、企业搜索以及其他更多形式向企业开放了他们的"云"。谷歌推出了谷歌应用软件引擎(Google App Engine,GAE),这种服务让开发人员可以编译基于 Python 的应用程序,并可免费使用谷歌的基础设施来进行托管(最高存储空间达 500MB)。对于超过此上限的存储空间,谷歌按每CPU 内核每小时 10～12 美分及 1GB 空间 15～18 美分的标准进行收费。谷歌还公布了提供可由企业自定义的托管企业搜索服务计划。

5. 红帽云计算服务

红帽是云计算领域的后起之秀。红帽提供的是类似于亚马逊弹性云技术的纯软件云计算平台。它的云计算基础架构平台选用的是自己的操作系统和虚拟化技术,可以搭建在各种硬件工业标准服务器(HP、IBM、DELL 等)和各种存储(EMC、DELL、IBM、NetAPP 等)于网络环境中,表现为与硬件平台完全无关的特性,给客户带来灵活和可变的综合硬件价格优势。红帽的云计算平台可以实现各种功能服务器实例。

2.7.3 云计算在各行业领域的应用案例

云计算已广泛应用于智能交通、医药医疗、制造、金融、能源、电子商务、电子政务、教育科研等众多行业。现对云计算在部分行业的应用案例列举如下。

(1) 金融云

通过阿里云的解决方案,吴江农商行构建了一个资源共享、集中管理、动态管控的智慧IT 基础架构。在架构上,通过专线接入服务实现支付宝、阿里云、吴江农商行的互联互通,使金融业务运行在相对安全封闭的网络环境中,在业务连续性上,通过在青岛建立灾备中心,实现与杭州生产中心应用级灾备,底层数据实时同步,一旦发生故障,随时可以接管业务。为保障本中心的高可用,可通过 SLB 构建应用池,将流量分发到不同 VM 上,在业务高峰期,弹性拓展和升级应用池。另外,阿里云的云盾附加服务可以进行应用、数据库、系统、网络安全护航。

(2) 教育云

北京工业大学采用 IBM 云计算的技术和方案来搭建新的高性能计算平台,统一管理软硬件资源,以虚拟化和自动化的方式动态部署资源,用来统一提供服务,从而提供良好的扩展性,支持按需变化的运算模式。北京工业大学云计算平台提供 3 个方面的服务:①服务教学科研,支撑北京工业大学的学科建设和重点科研的,北京市的重点"973"项目,高性能计算等;②开展科学研究,对于学生和教师开放,支持教学和科研;③支撑服务北京,对北京市的企业和政府开放,提供 IT 资源支撑,建立电子政务的试点,为相关政府部门服务。IBM云计算解决方案为北京工业大学建立的高性能云计算平台将计算、存储资源以及数据和应用作为服务通过网络提供给用户,给用户提供灵活、个性化、多元和简单的应用和服务,从而满足北京工业大学对计算平台的需求。

(3) 智慧城市

中兴通讯智慧城市解决方案分为感知层、网络层、平台层、应用层 4 个层次。

感知层:利用遍布城市每个角落的传感器,采集听、视、触、嗅、行的各类信息,为城市的健康发展提供快捷、直接、有效的信息。

网络层：以通信网络为主,建设方式以"无线＋有线"互为补充,建设一张无处不在的"泛在网"是智慧城市的基础。无线采用先进的 4G 无线通信技术,构造一张政务专网,实现最后一公里的信息接入,并且可在该网络上承载多种数据业务。有线租用运营商现有的光纤资源,保证各种数据的接入,汇聚到应用层。

平台层：采用最新的云计算架构搭建城市数据中心,将海量的计算任务分布在大量计算机构成的资源池上,使各种应用系统能按需获取计算力、存储空间和各种服务,消除地域的限制,实现资源共享和调度,降低了 TCO,增强运维能力,提高信息安全管控能力,使获取服务更加便捷,提供开放开发平台,助力创新。

应用层：具备定制开发和第三方集成能力,使得各种应用的部署更加灵活和快捷。应用层基于总体架构,提供维稳定、保民生、促增长三大体系的业务应用。

(4) 媒体云

引跑科技成功部署了基于 AppOne、MasterOne、EngineOne 三款产品的数字出版云平台。接入该平台后,出版单位、渠道商、读者这三者之间的联系越发紧密,并形成了一套新的商业服务模式,出版单位可随时掌握读者动态和销售情况,从而及时提供个性化的内容和服务。

媒体云建立了数字版权销售平台和发行渠道,解决了数字版权内容交易和运营核心问题,统一协调数字出版产业链中出版单位、渠道商、读者等之间的关系,多租户模式、按需付费,大大减少出版单位和渠道商的 IT 投资。

2.8 云计算发展趋势

云计算根据 NIST 定义的 5 个特征：自服务、宽带接入、资源池化、快速弹性、按需付费,其应用将向着高性能、低成本、管理外包、高可靠性、多租户可用等方面发展。

Amazon AWS 是云基础设施的领跑者,它在 IaaS 上拥有最多的产品和最成熟的供给。Rackspace 与 GoGrid 拥有很多客户和经验,他们通过增加云计算特性和能力不断强化自己的托管解决方案。

在 PaaS/SaaS 领域中,微软 2009 年发布了其云计算平台 Azure。Salesforce. com 发展了 Force. com,发布了 Database. com 并收购了 Heroku。Google 拥有 Google Apps、BigTable 及 Google App Engine。

在开源领域,Cloud. com 发布了其基于 Amazon AWS Web Services API、Citrix Cloud Center 及 VMware's vCloud 的 CloudStack 2. 0。NoSQL 数据库出现于 Cassandra、Hadoop/HBase、CouchDB、MongoDB、Membase、memcachedb、Neo4J 以及 FlockDB,这个列表还会不断增加。

2011 年,高德纳公司(Gartner)将基于云计算的 5 种新创意列入到了 10 月出版的面向 IT CIO 和 CEO 的十大战略技术 ITxpo 中,这 5 种创意分别是私有云、存储级内存、社交网络与协作、普适计算与基于结构的基础设施。近日,Forbes 又发布了一份由 Chirag Mehta 和 Ray Wang 所撰写的列表,包含了 14 个关键点,他们认为对云计算的使用正在从"何时使用"转向了"如何使用",云解决方案也会节省人力、物力,未来的创新投资应该考虑这一点。

Chirag Mehta 和 Ray Wang 的预测如下。

（1）新的采购将会被云解决方案所替代；

（2）私有云将成为公共云的垫脚石；

（3）云客户将会问到关于云安全的一些苛刻问题；

（4）私有云会向公共云解决方案提供安全与备份；

（5）人们会从购买最好的应用变成向云投资；

（6）应用市场、生态系统、系统集成商与软件厂商之间的影响；

（7）更好的用户体验与可伸缩性不再是互相排斥；

（8）客户化应用开发将会迁移到云上；

（9）期待 Development-as-a-Service 与 Platform-as-a-Service 的融合；

（10）拥有扩展库的系统集成商会超越数据集成的范畴而大踏步前进；

（11）用户技术特性要想融合进企业，首先需要考虑的是移动与社交特性；

（12）用户需要更好的虚拟化技术；

（13）云解决方案的效力会使得整个技术领域得到简化；

（14）对在线归档数据的访问会使得治理、管理与兼容性成为核心的云竞争能力。

2.8.1　Gartner：云计算规则

Gartner 已将云计算列为该公司未来重点研究的十大战略课题，而云计算的发展趋势则是非常重要的研究内容。据悉，Gartner 已经确定了五种云计算趋势，它们在未来的三年里将加快转移或达到尖端水平，而用户必须考虑的云计算规划如下。

（1）正规的决策框架促进云投资的优化

云设备的益处很多，包括运营成本模式从资金密集型转变为低成本型，在具有更高灵活性的同时降低了其复杂性。它也可以把重点从 IT 资源转向高增值活动业务，或支持潜在风险较低的业务创新。然而，这些潜在优势需要进行仔细的审查和消除潜在风险，包括它的安全性和透明度，性能和可用性，供应商的锁定，许可整发放的限制和市场的需求潜力等问题。而这些因素使个人云产品的评估环境变得复杂。

（2）混合云计算是当务之急

混合云是指企业外部的公用的云计算服务和内部的基础设施或应用服务的协调和组合。随着时间的推移，混合云计算会形成一个统一模式，其由多个云平台（内部或外部）根据需要在不断变化业务需求的基础上组成的一个单独的云。Gartner 建议企业短期集中精力在应用程序和数据集成上，并利用混合方案解决内部和外部应用程序之间联系的固定问题。凡使用公共云应用服务或运行公共云基础设施自定义应用程序的，都应遵循元素与内部系统相结合的原则而形成一个混合环境的原则。

（3）云经纪业将促进云消费

由于云计算数量在市场上的激增，云辅助设备的消费需求也在增加。云服务经纪业（CSB）是一个在云计算中起中介作用的服务提供商。Gartner 在 2011 年对云服务经纪业这一概念兴趣倍增，并预言在未来的三年里，无论是 IT 还是业务单位，其云服务消费都不涉及 IT 产业，而且这一趋势将随着个体经纪业的增多而迅速发展。

Gartner 认为，IT 部门为应对这一挑战需探索，它作为云服务经纪业，如何建立一个包含云采纳和鼓励经营单位来 IT 组织寻求咨询和支持的购买过程,并通过这种方式来实现自我定位。云服务经纪业可以通过修改现有流程和工具来实现其预期计划,如内部门户网站和服务目录的改动。

(4)云为中心的设计成为必需品

许多组织首先看到了把现有的企业工作负载迁移到云系统或应用基础设施上的机遇。在工作量有高度可变的资源需求和程序应用本身具有一定水平的可伸缩性的情况下,这种做法可以为其提供福利。然而,为了充分开发云模型的潜力,需要设计具有独特规格的应用程序,这就需要考虑云模型的局限性和开发时机。Gartner 建议企业应充分开发云全球一流的创造潜力,着眼于企业工作负载到云优化应用软件的转移。

(5)云计算对未来数据中心和运营模式产生影响

在公共云计算中,企业作为服务消费者,与云服务提供商之间实施细则的处理内容,包括数据中心和相关的运营模式。然而,但在某种程度上,企业在继续建立其自己数据中心的过程中将受到云服务提供商执行模式的影响。Gartner 建议企业运用云计算的概念来处理未来数据中心和基础设施投资方面的问题,以提高其灵活性和工作效率。

2.8.2　云计算技术发展趋势

中国绿色数据中心专家认为,云计算技术发展呈现六大趋势:数据中心向整合化和绿色节能方向发展,虚拟化技术向软硬协同方向发展,大规模分布式存储技术进入创新高峰期,分布式计算技术不断完善和提升,安全与隐私将获得更多关注,SLA 细化服务质量监控实时化。

(1)数据中心向整合化和绿色节能方向发展

目前传统数据中心的建设正面临异构网络、静态资源、管理复杂、能耗高等方面问题,云计算数据中心与传统数据中心有所不同,它既要解决快速、高效完成企业级数据中心的扩容部署问题,同时要兼顾绿色节能和高可靠性要求。高利用率、一体化、低功耗、自动化管理成为云计算数据中心建设的关注点,整合、绿色节能成为云计算数据中心构建技术的发展特点。

兼顾高效和绿色节能的集装箱数据中心出现。集装箱数据中心是一种既吸收了云计算的思想,又可以让企业快速构建自有数据中心的产品。与传统数据中心相比,集装箱数据中心具有高密度、低 PUE、模块化、可移动、灵活快速部署、建设运维一体化等优点,因此成为发展热点。国外企业(如谷歌、微软、英特尔等)已经开始开发和部署大规模的绿色集装箱数据中心。

(2)虚拟化技术向软硬协同方向发展

网络虚拟化发展迅速。网络虚拟化可以高效地利用网络资源,具有节约成本、简化网络运维和管理、提升网络可靠性等优点。VMware 和思科公司通过四年的合作,在网络虚拟化领域取得突破创新,推出了 VXLAN(虚拟可扩展局域网)。VXLAN 已获得多个行业领先厂商的支持。

(3)大规模分布式存储技术进入创新高峰期

为保证高可靠性和经济性,云计算采用分布式存储的方式来存储数据,采用冗余存储的方式来保证存储数据的可靠性,以高可靠软件来弥补硬件的不可靠,从而提供廉价可靠的海量分布式存储和计算系统。在大规模分布式存储技术中,基于块设备的分布式文件系统适用于大型的、海量数据的云计算平台,它将客户数据冗余部署在大量廉价的普通存储上,通过并行和分布式计算技术,可以提供优秀的数据冗余功能。且由于采用了分布式并发数据处理技术,众多存储节点可以同时向用户提供高性能的数据存取服务,也保证数据传输的高效性。除了大规模分布式存储技术,P2P 存储、数据网格、智能海量存储系统等方面也是海量存储发展的趋势体现。

(4) 分布式计算技术不断完善和提升

资源调度管理被认为是云计算的核心,因为云计算不仅是将资源集中,更重要的是资源的合理调度、运营、分配、管理。云计算数据中心的突出特点,是具备大量的基础软硬件资源,实现了基础资源的规模化。但如何合理有效调度管理这些资源,提高这些资源的利用率,降低单位资源的成本,是云计算平台提供商面临的难点和重点。业务/资源调度中心、副本管理技术、任务调度算法、任务容错机制等资源调度和管理技术的发展和优化,将为云计算资源调度和管理提供技术支撑。不过,正成为业界关注重点的云计算操作系统有可能使云计算资源调度管理技术走向新的道路。云计算操作系统是云计算数据中心运营系统,是指架构于服务器、存储、网络等基础硬件资源和单机操作系统、中间件、数据库等基础软件管理海量的基础硬件资源和软件资源的云平台综合管理系统,可以实现极为简化和更加高效的计算模型,以低成本实现指定服务级别、响应时间、安全策略、可用性等规范。

现在云计算的商业环境对整个体系的可靠性提供了更高的需求,为了支持商业化的云计算服务,对于分布式的系统协作和资源调度最重要的就是可靠性。未来成熟的分布式计算技术将能够支持在线服务(SaaS),自从 2007 年苹果 iPhone 进入市场开始,智能手机时代的到来使得 Web 开始走进移动终端,SaaS 的风暴席卷整个互联网,在线应用成为一种时尚。分布式计算技术不断完善和提升,将支持在跨越数据中心的大型集群上执行分布式应用的框架。

(5) 安全与隐私将获得更多关注

云安全技术是保障云计算服务安全性的有效手段,它要解决包括云基础设施安全、数据安全、认证和访问管理安全以及审计合规性等诸多问题。云计算本身的安全仍然要依赖于传统信息安全领域的主要技术。云计算提供商和用户的信任问题是云计算安全要考虑的一个重点。适应云计算的特点和安全需求,云计算安全技术在加密技术、信任技术、安全解决方案、安全服务模式方面加快发展。未来的安全趋势,可能涉及终端及移动终端各个层面,包括各类 PC、手机在内的智能终端、可穿戴设备,都有可能会面临攻击者的挑战。解决终端安全,云安全是首先需要解决的,即从云端首先判断安全的趋势,通过云端安全的大数据分析,可以清晰发现其中存在的多种威胁趋势,从而及时拦截新木马以及防止网络入侵和攻击。

(6) SLA 细化服务质量监控实时化

要想让用户敢于将关键业务应用放在云计算平台上,用户需要能够让他们高枕无忧的服务品质协议,细化服务品质是必然趋势。云计算对计算、存储和网络的资源池化,使得对底层资源的管理越来越复杂,越来越重要,基于云计算的高效工作负载监控要在性能发生问题之前就提前发现苗头,从而防患于未然,实时地了解云计算运行详细信息将有助于交付一个更强大的云计算使用体验,也是未来发展的方向。

此外,开源云计算技术进一步普及应用。数据表明,目前全世界有90%以上的云计算应用部署在开源平台上。云计算对于安全、敏捷、弹性、个性化开源平台的需求以及突出的实用、价廉的特性,也决定了开源计算平台在云时代的领军位置。很多云计算前沿企业和机构(如亚马逊、谷歌、Facebook)都在开发部署开源云计算平台。开源云计算平台不仅减少了企业在技术基础架构上的大量前期投入,而且大大增强了云计算应用的适用性。开源云计算技术得到长足发展的同时,必将带动云计算项目更快更好落地,成为企业竞争的核心利益。为此,开源云计算技术将进一步得到重视和普及。

2.8.3 云计算产业发展趋势

云计算具备自己的新特性:对计算资源进行动态切割、动态分配;以 Web 为中心;交付的是服务。除了包括以服务为交付模式的计算和存储基础设施外,虚拟主机的租用、社会关系网的数据信息服务、商业流程、应用程序运行环境、编程模型、协同环境以及 IT 管理外包等各种模式都可以放在云计算的范畴之内。

Amazon、Google、IBM、微软和 Yahoo 等大公司是云计算的先行者。云计算领域的众多成功公司还包括 Salesforce、Facebook、Youtube、Myspace 等。

云计算的最终目标是将计算、服务和应用作为一种公共设施提供给公众,使人们能够像使用水、电、煤气和电话那样使用计算机资源。

作为一种新兴的商业计算模式,云计算具有更低成本、更高的性能、更低的基础设施成本、更少的维护问题、更低的软件成本、更即时的软件更新、更强的计算能力、无限的存储容量、增强的数据安全、更容易的群组协作等优点,它改进了操作系统之间的兼容性,改进了文件格式的兼容性,消除了对特定设备的依赖,它的出现改变了用户使用习惯,改变了软件企业的销售方式,改变了开发者的开发模式,从而改变了整个产业游戏规则。

根据 IDC 分析师会议的预测,云计算将在未来的15~20年内成为影响整个 IT 行业的关键性技术。随着云计算厂商在标准、安全性上的努力、服务品质协议的提升以及鼓励厂商接受基于软件使用而非客户数量的价格度量等多方尝试,云计算有望能够成为关键性业务应用的平台。总的来说,未来云计算的发展离不开以下五大发展趋势:①云计算定价模式简单化;②软件授权模式转变获得供应商更广泛的认可;③新技术将提升云计算的使用和性能;④云计算服务品质协议细化服务质量;⑤云服务性能监控将无处不在。

云计算未来主要有两个发展方向:一个是构建与应用程序紧密结合的大规模底层基础设施,使得应用能够扩展到很大的规模;另一个是通过构建新型的云计算应用程序,在网络上提供更加丰富的用户体验。

云计算给我们带来的,不仅是数据处理和运算技术上的改进提高,它更会从根本上改变未来信息和数据产业的结构和商业模式。从技术模式上来说,云计算进一步将互联网的应用和计算处理模式提高到一个实现质的飞跃的层面——互联网不仅只是信息传输的渠道,互联网就是计算机,就是整个信息处理,资源采集和数据运算的环境;从商业模式上来说,云计算真正实现了"以产品带服务"向"以服务带产品"的转变,未来的信息和数据应用不仅是处理单一的标准化的任务,而是通过"云"网络实现任务处理和运算的广泛性和个性化,能够在一个广域的范围内通过网络资源能力的高效调配实现高效率的需求满足;从行业结构上来说,云计算打破了以外通信渠道、软件、硬件终端等产品和产业的分割状况,第一次通过

"云"网络的概念将软件、硬件和服务融合为一体,通过平台和网络实现对于不同产品和产业服务的高效整合,面向客户提供满足需求服务,使得不同行业在未来的融合竞争成为可行的现实;从社会层面上来说,云计算模糊了系统和人之间的界限,使得信息应用和数据应用真正和我们的日常生活状态融为一体,实现了社会化数据网络应用的目标。

云计算是 IT 服务交付领域内的重要过渡和标志性转变——当企业对数据中心的需求激增时,云计算会使 IT 服务交付的效率和灵活性得到大幅提升。云计算的工具、构建模块、解决方案和最佳实践都在不断发展,同时人们也需要考虑部署云解决方案时将面临的挑战。

英特尔的 2015 年云计算愿景是实现互通、自动化和客户端自适应的云计算。为了确保整个行业朝着这一目标迈进,需要专注于整个云计算领域的三个关键要素——高效、简化和安全,同时致力于开发具备开放性、互操作性等特征的多厂商解决方案。

云计算的推动力量来自人们对容量和资源有限的数据中心日益增长的需求。这些需求包括对管理业务增长和提高 IT 灵活性等需求的不断增加。为了应对这些挑战,云计算以公共云(由网络公司、电信公司、托管服务提供商等部署)和私有或企业云(企业部署于防火墙后,供组织机构内部使用)的形式进行演进。

对企业 IT 日益增加的业务需求则推动着私有云的发展。数据中心面对着各种实际限制,如电量不足,空间、服务器容量或网络带宽有限等。然而,扩展传统的基础架构来应对这些挑战又会导致灵活性问题。

云计算在技术上比数据中心虚拟化领先一步。首先,虚拟化技术支持数据中心整合服务器基础架构以节省成本。其次,灵活的资源管理技术增加了以动态的方式分配数据中心资源的功能,这有助于进一步降低成本,可增加数据灵活性并提升性能,从而开创技术开发和部署的新时代。软件厂商已开始为基于虚拟化的企业和公有云设计强大的管理功能和实施技术优化。硬件厂商则扩展其管理工具和可靠性功能,以提高硬件的灵活性。自动化和可扩展性将成为可能。云计算为优化使用和快速部署资源、提高运营效率以及节省巨额成本提供了绝佳的方法。

云计算被视为科技业的下一次革命,它将带来工作方式和商业模式的根本性改变。

对中小企业和创业者来说,云计算意味着巨大的商业机遇,他们可以借助云计算在更高的层面上和大企业竞争。自 1989 年微软推出 Office 办公软件以来,人们的工作方式已经发生了极大变化,而云计算则带来了云端的办公室,更强的计算能力但无须购买软件,免去本地安装和维护。那些对计算需求量越来越大的中小企业,不再试图去购买价格高昂的硬件,而是从云计算供应商那里租用计算能力。在避免了硬件投资的同时,公司的技术部门节省了技术维护时间,可进行更多的业务创新。

随着"十三五"规划的启动,我国云计算产业即将迎来黄金发展期,其主要原因如下。

(1) 云计算市场前景广阔,潜在的庞大市场需求将促使中国云计算产业日益高速发展。目前,全球云业务正处于高速发展阶段。据 IDC 发布的报告预测,未来 5 年里,全球用于云计算服务的支出或将增长 3 倍,增长速度将是传统 IT 行业增长率的 6 倍。而作为云计算界的"后起之秀",中国无疑将是增速最快的市场之一。

(2) 政府云服务外包直接拉动我国云计算产业发展。在工信部及财政部、中央国家机关政府采购中心的支持下,可信云认证已公布首轮通过企业名单,可信云采购试点也即将开启。根据工信部电信研究院等权威机构的预测,政企信息服务市场规模有望在未来几年内达到 500 亿元。国泰君安的最新研究报告也显示,2014—2016 年中国政府云服务采购预计将增长 16 倍,从 4 亿元增长为 63 亿元,年复合增速 151%。毋庸置疑,政府云服务外包即将成为云计算的重要推手。

除此之外,国家刺激信息消费的政策也有利于培育云计算的市场空间。云计算安全、大数据隐私保护是产业快速发展和应用的重要前提。在"棱镜门"事件后,信息安全被提升至国家战略高度,云计算服务成为网络安全审查的对象之一。国内云服务商的市场空间将日益增长。随着云计算"十三五"规划的进一步落地以及云计算和云存储技术的日益成熟,越来越多的企业将会选择把信息技术系统建在云端。而信息设备国产化步伐地进一步加快,必将使云计算行业实现爆发式增长。

2.9 大数据发展趋势

大数据是与云计算紧密结合的应用技术,由于大数据处理和应用需求急剧增长,学术界和工业界不断推出新的或改进的计算模式和系统工具平台。

大数据是诸多计算技术的融合,主要研究大数据基础理论、大数据关键技术和系统、大数据应用以及大数据信息资源库等方面。从信息系统角度,大数据处理可分为基础设施层、系统软件层、并行化算法层及应用层。其应用开发层提供了各种分析工具、开发环境等,可用于行业应用系统开发。各层简介如下。

(1)大数据基础设施层。大数据基础设施层可采用通用化的硬件设施,即普通商用服务器集群或并行计算设施,也可与云计算资源管理和平台结合,在云计算平台上部署大数据基础设施,获得可伸缩的计算资源和基础设施。

(2)系统软件层。系统软件层需考虑大数据的存储管理和并行化计算机系统软件。可利用分布式存储技术和系统提供可扩展的大数据存储能力。目前人们提出了 NoSQL 的数据管理查询模式,为了能提供可应对不同类型的数据的统一的数据管理查询方法,人们进一步提出了 NewSQL 的概念和技术。目前最主流的大数据并行计算和框架是 Hadoop MapReduce 技术,同时推出新的大数据计算模型和方法,包括高实时低延迟要求的流式计算,具有复杂数据关系的图计算,面向基本数据管理的查询分析类计算,及面向复杂数据分析挖掘的迭代和交互计算等。目前,Spark 已成为一个颇具发展前景的大数据计算系统和平台而受到工业界和学术界广泛关注。

(3)并行化算法层。并行化算法层需对现有的串行化机器学习和数据挖掘算法进行并行化的设计和改造。具体领域问题的应用层算法的并行化,如社会网络分析、分析推荐、商业智能分析、Web 搜索与挖掘、媒体分析检索、自然语言理解与分析、语义分析与检索、可视化分析等。

(4)应用层。基于上述三个层面,可构建各种行业领域的大数据应用系统。在各种大数据应用开发运行环境与工具支持下,以应用需求为导向,从实际行业应用问题和需求出发,由行业和领域专家与计算机技术人员配合和系统完成大数据行业应用的开发。

大数据主要有三方面的重要发展趋势和方向:Hadoop 性能提升和功能增强,混合式大数据计算模式,以及基于内存计算的大数据计算模式和技术。

（1）Hadoop 性能提升和功能增强。Hadoop 虽然还在计算性能、架构和处理能力等方面存在很多不足，但已发展成为目前最主流的大数据处理平台，得到了广泛应用。因此，人们试图不断改进和发展现有的平台，增加对各种不同大数据处理问题的适用性。为此，目前推出 Hadoop 2.0 新版本 YARN。不断有新的计算模式和计算系统出现，预计今后相当一段时间内，Hadoop 平台将与各种新的计算模式和系统共存和融合。

（2）混合式大数据计算模式。混合式大数据计算模式可体现在两个层面上。一个是传统并行计算体系结构与低层并行程序设计语言层面计算模式的混合，根据大数据应用问题的需要搭建混合式的系统架构，如 MapReduce 集群＋GPU-CUDA 的混合，或 MapReduce＋基于 MIC 的 OpenMP/MPI 的混合模型；另一层面是大数据处理高层计算模式的混合：各种计算模式与内存计算模式的混合，实现高实时性的大数据查询和计算分析。UC Berkeley AMPLab 现已成为开源 Apache Spark 系统，涵盖了几乎所有典型的大数据计算模式，包括迭代计算、批处理计算、内存计算、流式计算、数据查询分析计算（Shark）及图计算（GraphX），同时保持与 Hadoop 平台的兼容性。

（3）基于内存计算的大数据计算模式和技术。随着内存成本的降低，各种基于内存计算的计算模式和系统不断推出，适用于数据查询分析计算、批处理和流式计算、迭代计算和图计算等。较典型的系统有 SAP 公司的 Hana 内存数据库、开源的键值对内存数据库 Redi、Apache Spark、微软图计算系统 Trinity 等。

本 章 小 结

本章主要介绍了云计算的发展、特点、架构与平台、核心技术、应用案例及发展趋势，并简介了与云计算密切相关的大数据的发展趋势。

虚拟化技术

目　　标

掌握虚拟化基本技术、虚拟化方案及基本应用。

重　　点

虚拟化分类、技术架构。

难　　点

虚拟化解决方案。

3.1　为什么需要虚拟化

国务院信息化工作办公室《报告》显示，通过政府网站发布公告、新闻、政策等信息比例超过 60% 的网站，仅占全部政府网站的 44.5%，发布比例低于 20% 的网站占全部政府网站的 21.7%，政府网站的利用率不足 50%。

计算机调查研究表明，全球最过剩的资源是计算资源，计算机利用率严重不足，全球计算资源的平均利用率仅为 9%。Gartner 在《服务器虚拟化的未来》中提出 9-9-1 原则，即 ① 90% 的服务器；② 90% 的时间；③ CPU 占用率低于 10%。

并指出，"截至 2008 年，不能充分利用虚拟化技术的企业将会多支付 40% 的采购成本和 20% 左右的管理成本"。虚拟化技术可有效提高大型服务器的利用率，也可优化分布式小服务器的管理和使用效率。

3.2 什么是虚拟化

虚拟化是指计算机元件在虚拟的基础上而不是真实的基础上运行。虚拟化技术可以扩大硬件的容量,简化软件的重新配置过程。CPU 的虚拟化技术可以单 CPU 模拟多 CPU 并行,允许一个平台同时运行多个操作系统,并且应用程序都可以在相互独立的空间内运行而互不影响,从而显著提高计算机的工作效率。

把有限的固定的资源根据不同需求进行重新规划以达到最大利用率的思路,在 IT 领域就称为虚拟化技术。虚拟化技术与多任务以及超线程技术是完全不同的。多任务是指在一个操作系统中多个程序同时并行运行,而在虚拟化技术中,则可以同时运行多个操作系统,而且每一个操作系统中都有多个程序运行,每一个操作系统都运行在一个虚拟的 CPU 或者是虚拟主机上;而超线程技术只是单 CPU 模拟双 CPU 来平衡程序运行性能,这两个模拟出来的 CPU 是不能分离的,只能协同工作。

虚拟化技术有很多定义,如下所示。

“虚拟化是以某种用户和应用程序都可以很容易从中获益的方式来表示计算机资源的过程,而不是根据这些资源的实现、地理位置或物理包装的专有方式来表示它们。换句话说,它为数据、计算能力、存储资源以及其他资源提供了一个逻辑视图,而不是物理视图。”——Jonathan Eunice,Illuminata Inc。

“虚拟化是表示计算机资源的逻辑组(或子集)的过程,这样就可以用从原始配置中获益的方式访问它们。这种资源的新虚拟视图并不受实现、地理位置或底层资源的物理配置的限制。”——Wikipedia

“虚拟化:对一组类似资源提供一个通用的抽象接口集,从而隐藏属性和操作之间的差异,并允许通过一种通用的方式来查看并维护资源。”—— Open Grid Services Architecture Glossary of Terms。

今天的虚拟化可以用来进行服务器、存储、网络、桌面应用程序的整合,提高系统资源利用率,提高管理灵活性,节省服务器空间和电耗成本。虚拟化是云计算的基础,没有虚拟化就没有云计算。

虚拟化是一种方法,本质上是指从逻辑角度而不是物理角度来对资源进行配置,是从单一的逻辑角度来看待不同的物理资源的方法。虚拟化是一种从逻辑角度出发的资源配置技术,是物理实际的逻辑抽象。

和传统 IT 资源分配的应用方式相比,虚拟化有以下优势:①可以大大提高资源的利用率;②提供相互隔离、安全、高效的应用执行环境;③虚拟化系统能够方便地管理和升级资源。

虚拟化技术给数据中心管理带来了优势,如提升基础设施利用率,减少运营开销成本,通过整合应用栈和即时应用镜像部署来实现业务管理的高效敏捷。

3.3 虚拟化分类

三大虚拟化厂商是 VMware、Microsoft、Citrix。

（1）VMware

VMware 主攻虚拟化领域十多年，是全球桌面到数据中心虚拟化解决方案的领导厂商，主要产品如下。

① VMware-ESX-Server；

② VMware-GSX-Server（现叫 VMware Server）；

③ VMware-WorkStation；

④ VMware vSphere 4。

（2）Microsoft

微软 2008 年推出了 Hyper-V。

（3）Citrix（思杰）

VMware、微软与 Xen 等虚拟服务器产品比较如表 3-1 所示。

表 3-1　虚拟化产品比较

比 较 项	VMware	微　　软	思杰的 Xen
URL	Vmware. com	Microsoft. com/hyperV	Xensource. com
免费的虚拟机管理程序产品	ESXi	HyperV Server	Xen Server Express
收费的虚拟机管理程序产品	ESX	无	Xen Server Enterprise；Xen Server Platform
支持的访客操作系统	Windows、Mac、Linux 及其他操作系统	主要是 Windows 系列和 SUSE	Windows 和 Linux
管理工具	vCenter Server；VMotion；vCenter Converter；vCenter Infrastructure	系统中心虚拟机管理器（System Center VM Manager）	内置在收费版本中
优点	预制设备方面的选择最广泛；访客操作系统支持方面的选择最广泛	HyperV 是 Windows Server 2008 64 位版本内置的一部分；访客 Windows 虚拟机的许可费经济实惠	开源解决方案；Xen Essentials 还能管理 HyperV；支持 32 个 CPU；总体解决方案内置了 P2V 功能
缺点	一大堆的价格和配置选项让人困惑	管理工具很有限	没有预制硬件设备

ESX 和 Xen Server 预先安装在许多厂商提供的硬件中，包括戴尔 PowerEdge R 和 M 系列、惠普 ProLiant DL 和 BL 系列，以及 IBM 的 BladeCenter HS21 XM。少数几家厂商还在考虑预先安装微软的 HyperV。

除了基本的虚拟机管理程序外，三大厂商都有许多附加工具，能够处理诸如此类的任务。

①　动态配置虚拟机(便于完成峰值需求处理和负载平衡等任务)。

②　基于角色的访问控制,以使得用户企业中不是每个人都能改动或复制虚拟机实例(请关注 Hytrust Appliance 这个新的第三方工具,可获得这方面的帮助)。

③　复制新的访客虚拟机的工具。

④　高可用性/集群管理器(能够自动重启访客虚拟机以及自动进行故障切换)。

⑤　对访客虚拟机进行补丁管理(以便用户能在所有访客虚拟机上安装操作系统的补丁和升级版本)。

⑥　物理环境到虚拟环境(P2V)迁移工具。

许多这些工具已包含在收费的 XenServer 版本中,也可以向 VMware 单独购买,而微软面向 HyperV 的管理工具数量最少。

其他虚拟化厂商坚守各自的一块地盘,比如 VirtualIron.com 和 Sun 的 Virtual Box。思科也开始角逐这个领域,力推的统一通信(Unified Communications)平台可以在集成了存储和网络交换的新型硬件组合上同时运行 HyperV 和 ESX。

3.3.1　服务器虚拟化

服务器虚拟化能够通过区分资源的优先次序,并随时随地能将服务器资源分配给最需要它们的工作负载来简化管理和提高效率,从而减少为单个工作负载峰值而储备的资源。

目前常用的服务器主要分为 Unix 服务器和 x86 服务器,对 Unix 服务器而言,IBM、HP、Sun 各有自己的技术标准,没有统一的虚拟化技术,因此,目前 Unix 的虚拟化还受具体产品平台的制约,而 Unix 服务器虚拟化通常会用到硬件分区技术。而 x86 服务器的虚拟化则标准相对开放,下面介绍 x86 服务器的虚拟化技术。

(1) 完全虚拟化

使用 Hypervisor 在 VM 和底层硬件之间建立一个抽象层,Hypervisor 捕获 CPU 指令,为指令访问硬件控制器和外设充当中介。这种虚拟化技术几乎能让任何一款操作系统不加改动就可以安装在 VM 上,而它们不知道自己运行在虚拟化环境下。完全虚拟化的主要缺点是,Hypervisor 会带来处理开销。

(2) 准虚拟化

完全虚拟化是处理器密集型技术,因为它要求 Hypervisor 管理各个虚拟服务器,并让它们彼此独立。减轻这种负担的一种方法就是,改动客户操作系统,让它以为自己运行在虚拟环境下,能够与 Hypervisor 协同工作,这种方法叫作准虚拟化。准虚拟化技术的优点是性能高,经过准虚拟化处理的服务器可与 Hypervisor 协同工作,其响应能力几乎不亚于未经过虚拟化处理的服务器。

(3) 操作系统层虚拟化

实现虚拟化还有一个方法,即在操作系统层面增添虚拟服务器功能。就操作系统层的虚拟化而言,没有独立的 Hypervisor 层。相反,主机操作系统本身负责在多个虚拟服务器之间分配硬件资源,并且让这些服务器彼此独立。一个明显的区别是,如果使用操作系统层虚拟化,所有虚拟服务器必须运行同一操作系统。

3.3.2 存储虚拟化

所谓存储虚拟化,就是把多个存储介质模块(如硬盘、RAID)通过一定的手段集中管理起来,所有的存储模块在一个存储池中得到统一管理,从主机和工作站的角度,看到就不是多个硬盘,而是一个分区或者卷,就好像是一个超大容量的硬盘。这种可以将多种、多个存储设备统一管理起来,为使用者提供大容量、高数据传输性能的存储系统,就称为虚拟存储。

虚拟存储设备主要通过大规模的 RAID 子系统和多个 I/O 通道连接到服务器上,智能控制器提供 LUN 访问控制、缓存和其他如数据复制等的管理功能。这种方式的优点在于存储设备管理员对设备有完全的控制权,而且通过与服务器系统分开,可以将存储的管理与多种服务器操作系统隔离,并且可以很容易地调整硬件参数。从虚拟化存储的拓扑结构来讲主要有两种方式:即对称式(带内管理)与非对称式(带外管理)。对称式虚拟存储技术是指虚拟存储控制设备与存储软件系统、交换设备集成为一个整体,内嵌在网络数据传输路径中;非对称式虚拟存储技术是指虚拟存储控制设备独立于数据传输路径之外。

存储虚拟化架构如图 3-1 所示。

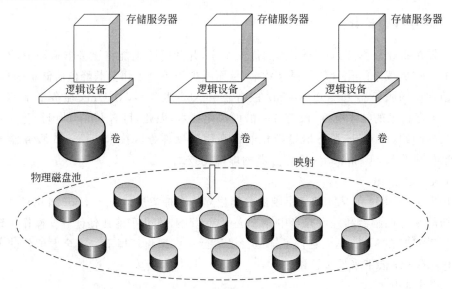

图 3-1　存储虚拟化架构

业界虚拟存储产品主要有 EMC 的 Invista、HDS UPS 和 IBM 的 SVC。

3.3.3 网络虚拟化

网络虚拟化从总体来说,可分为纵向分割和横向整合两大类。

(1)纵向分割

早期的网络虚拟化,是指虚拟专用网络(VPN)。VPN 对网络连接的概念进行了抽象,允许远程用户访问组织的内部网络,就像物理上连接到该网络一样。网络虚拟化可以帮助保护 IT 环境,防止来自 Internet 的威胁,同时使用户能够快速安全的访问应用程序和数据。随后的网络虚拟化技术随着数据中心业务要求发展为多种应用承载在一张物理网络上,通过网络虚拟化分割(称为纵向分割)功能使得不同企业机构相互隔离,但可在同一网络上访问自身应用,从而实现了将物理网络进行逻辑纵向分割虚拟化为多个网络。

如果把一个企业网络分割成多个不同的子网络——它们使用不同的规则和控制,用户就可以充分利用基础网络的虚拟化功能,而不是部署多套网络来实现这种隔离机制。

多年来,虚拟局域网(VLAN)技术作为基本隔离技术已经广泛应用。当前在交换网络上通过 VLAN 来区分不同业务网段,配合防火墙等安全产品划分安全区域,是数据中心基本设计内容之一。

(2)横向整合

从另外一个角度来看,多个网络节点承载上层应用,基于冗余的网络设计带来复杂性,而将多个网络节点进行整合(称为横向整合),虚拟化成一台逻辑设备,提升数据中心网络可用性、节点性能的同时将极大简化网络架构。使用网络虚拟化技术,用户可以将多台设备连接,横向整合起来组成一个"联合设备",并将这些设备看作单一设备进行管理和使用。虚拟化整合后的设备组成了一个逻辑单元,在网络中表现为一个网元节点,管理简单化、配置简单化、可跨设备链路聚合,极大简化网络架构,同时进一步增强冗余可靠性。

3.3.4 应用虚拟化

应用虚拟化通常包括两层含义,一是应用软件的虚拟化;二是桌面的虚拟化。

所谓的应用软件虚拟化,就是将应用软件从操作系统中分离出来,通过自己压缩后的可执行文件夹来运行,而不需要任何设备驱动程序或者与用户的文件系统相连,借助于这种技术,用户可以减小应用软件的安全隐患和维护成本,以及进行合理的数据备份与恢复。

桌面虚拟化就是专注于桌面应用及其运行环境的模拟与分发,是对现有桌面管理自动化体系的完善和补充。当今的桌面环境将桌面组件(硬件、操作系统、应用程序、用户配置文件和数据)联系在一起,给支持和维护带来了很大困难。采用桌面虚拟化技术之后,将不需要在每个用户的桌面上部署和管理多个软件客户端系统,所有应用客户端系统都将一次性地部署在数据中心的一台专用服务器上,这台服务器就放在应用服务器的前面。客户端也将不需要通过网络向每个用户发送实际的数据,只有虚拟的客户端界面(屏幕图像更新、按键、鼠标移动等)被实际传送并显示在用户的计算机上。

应用虚拟化数据流如图 3-2 所示。

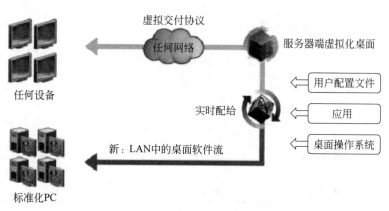

图 3-2 应用虚拟化数据流

通过应用虚拟化软件,企业能够同时实现各种应用业务的运营,节省数据传输的带宽占用,提高网络安全性,将操作系统的安装、运行环境与用户实际的操作环境进行分离,从而实现了 OS 的管理和使用的分离。管理员只需要分配新的账号,新用户就可以立即通过任何设备访问属于其个人的桌面系统;通过配置,可以实现用户通过相同设备同时访问多个桌面系统;通过集中管理和更新维护,减少运维成本;客户端可以采用瘦客户端,降低投资成本,同时延长现有所有设备的使用寿命,能将年折旧减少 50%。

主流的应用虚拟化厂商有 Citrix 的 XenDesktop、VMware View(原 VMware VDI)、微软的 App-V(以前的 Soft Grid)等。目前来看,三大厂商在这个层面采用了不同的拆分技术。VMware 采用物理的拆分方法,即基于服务器的差异磁盘的技术,实现差异的镜像,例如,200 个用户可以使用一个共同的"母盘"镜像,每个用户又有自己的差异信息,包括应用(VMware 的应用虚拟化 Thin App 实际是一个打包方法,需要存储在本地)与配置信息,使用时将两者结合提供服务,这种完全基于二进制的拆分方法是典型的服务器虚拟化厂商的技术,大大降低存储量。

Citrix 作为应用虚拟化的传统厂商,则采用了成熟的"逻辑"拆分法,按照逻辑分类将其拆分,即将操作系统、应用与配置文件进行拆分,用时进行按需组装,这样能够保证不同逻辑单元的相互独立性,防止一方发生变化对其他方面造成影响,例如应用与系统的升级和维护。

微软则介于二者之间,用户可以把自己的 VPC 制作的虚拟机上传到服务器上,看到的是一个用户与镜像一一对应的管理方法。微软有 Terminal Service 和 RDP,可以采用和Citrix 一样的方法;又有 App-V 与 Virtual Server 的差异磁盘技术,也可以采用 VWware 的技术路线。微软和 VMware 都拥有服务器虚拟化和应用虚拟化的组件。

具体列举比较见表 3-2 和表 3-3。

表 3-2　虚拟化厂商

虚拟化厂商	Microsoft	VMware	Citrix
服务器虚拟化	Hyper-V	ESX	
管理组件	SCVMM	Vcenter	XenCenter
应用虚拟化	App-V(softgrid)	View(VDI)	XenApp

表 3-3　虚拟化类型比较

比较项目	服务器虚拟化	存储虚拟化	网络虚拟化	应用虚拟化
产生年代	20 世纪 60 年代	2003 年	20 世纪末期	21 世纪
成熟程度	高	中	低	低
主流厂商	VMware Microsoft IBM	EMC HDS IBM	Cisco H3C	Citrix VMware Microsoft

在这四种虚拟化技术中,服务器虚拟化技术、应用虚拟化中的桌面虚拟化技术相对成熟,也是使用得较多的技术,而其他虚拟化技术还需要在实践中进一步检验和完善。

3.4 虚拟化技术架构

3.4.1 将一台服务器当作 N 台服务器来使用

虚拟化技术可将一台服务器当作 N 台服务器来使用,传统架构与虚拟化架构比较如图 3-3 所示。

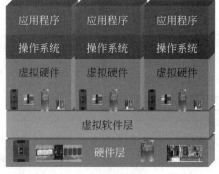

(a) 传统架构   (b) 虚拟化架构

图 3-3 传统架构与虚拟化架构比较

3.4.2 虚拟化的关键特征

(1) 分区

① 在一台物理机上运行多个 OS;

② 更充分利用服务器资源;

③ 支持高可用——分区之间可以组建集群(负载均衡、双机容错)。

(2) 隔离

① 从硬件层面隔离系统故障和安全威胁;

② 在虚拟机之间动态的分配 CPU、内存等系统资源;

③ 保证服务可用。

(3) 封装

① 将虚拟机封装成与硬件配置无关的文件;

② 随时对虚拟机进行快照;

③ 通过简单的文件复制对虚拟机进行迁移。

虚拟化的关键特征如图 3-4 所示。

3.4.3 虚拟化的优势

(1) 虚拟化前

① 每台主机有一个操作系统;

② 软件硬件紧密地结合;

③ 在同一主机上运行多个应用程序通常会遭遇冲突;

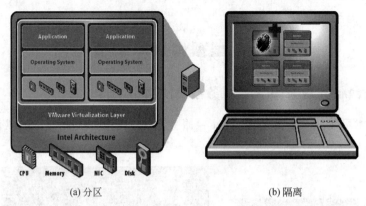

(a) 分区　　　　　　　　　　　　　(b) 隔离

图 3-4　虚拟化的关键特征

④ 系统的资源利用率低；

⑤ 硬件成本高昂而且不够灵活。

（2）虚拟化后

① 打破了操作系统和硬件的互相依赖；

② 通过封装到虚拟机的技术，管理操作系统和应用程序为单一的个体；

③ 强大的安全和故障隔离；

④ 虚拟机是独立于硬件的，它们能在任何硬件上
运行。

3.4.4　硬件分区技术

（1）特征

将硬件资源被划分成数个分区，每个分区享有独
立的 CPU、内存，并安装独立的操作系统，如图 3-5
所示。

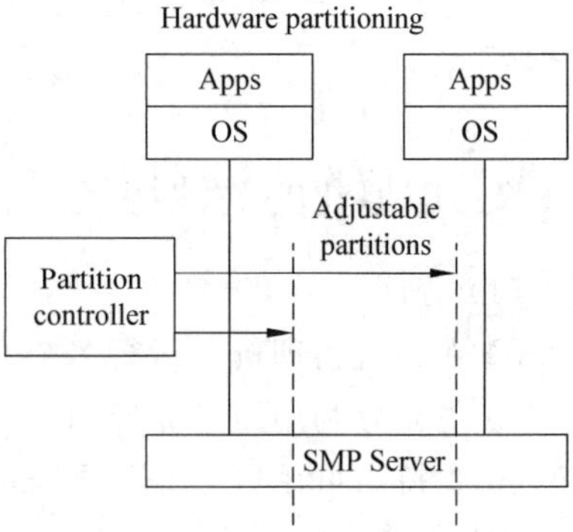

（2）缺点

缺乏很好的灵活性，不能对资源做出有效调配。

图 3-5　硬件分区技术

3.4.5　虚拟机技术（Virtual Machine Monitor）

（1）特征

① 在 Host 系统上加装 Virtual Machine Monitor，虚拟层作为应用级别的软件而存在，
不涉及操作系统内核。

② 虚拟层会给每个虚拟机模拟一套独立的硬件设备，在其上安装 Guest 操作系统。

（2）优点

能在一个节点上安装多个不同类型的操作系统，更适合实验室环境。

（3）缺点

虚拟硬件、翻译代码要消耗大量资源，性能损耗大。

（4）代表产品

VMware 系列、微软 Virtual PC/Server 系列。

虚拟机技术如图 3-6 所示。

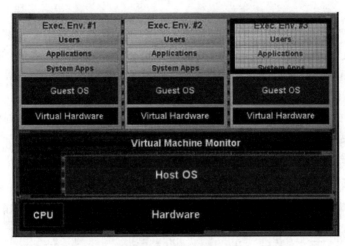

图 3-6　虚拟机技术

3.4.6　准虚拟机技术(Para-Virtualizion)

(1) 特点

① 修改操作系统的内核,加入一个 Xen Hypervisor 层。它允许安装在同一硬件设备上的多个系统可以同时启动,由 Xen Hypervisor 来进行资源调配。

② 性能稍有提高,但并不十分显著。

(2) 发展

为提高性能,Intel 和 AMD 分别开发了 VT 和 Pacifica 虚拟技术,将虚拟指令加入 CPU 中。使用了 CPU 支持的硬件虚拟技术,将不再需要修改操作系统内核,而是由 CPU 指令集进行相应的转换操作。

(3) 代表产品

XenServer,如图 3-7 所示。

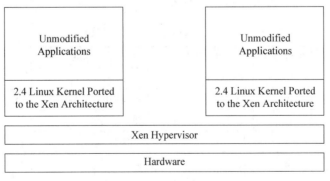

图 3-7　准虚拟机技术

3.4.7　操作系统虚拟化

操作系统虚拟化如图 3-8 所示。

（1）特点

一个单一的节点运行着唯一的操作系统实例。通过在这个系统上加装虚拟化平台，可以将系统划分成多个独立隔离的容器，每个容器是一个虚拟的操作系统，被称为虚拟环境（Virtual Environment，VE），也被称为虚拟专用服务器（Virtual Private Server，即 VPS）。

（2）优势

资源损耗极少，一台服务器可以运行上百个 VE/VPS，适合于生产、商业环境。

（3）代表产品

① SWsoft 的 Virtuozzo/OpenVZ；

② Sun 基于 Solaris 平台的 Container。

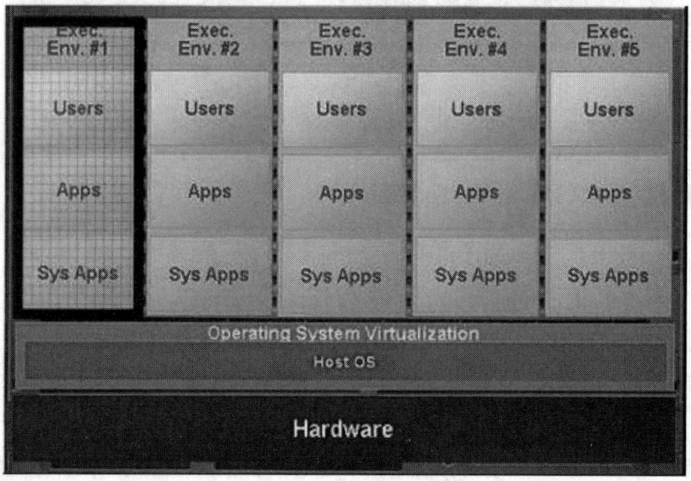

图 3-8　操作系统虚拟化

3.4.8　四种虚拟化技术比较

上述四种虚拟化技术比较，如表 3-4 所示。

表 3-4　四种虚拟化技术比较

比 较 项	硬件分区	虚 拟 机	准虚拟机	OS 虚拟化
代表产品	IBM	VMware	XenServer	Virtuozzo/OpenVZ
修改 host 内核	否	否	是（使用 VT 后不需）	否
Guest 是否安装 OS	是	是	是	否
为 Guest 虚拟设备	否	是	一部分	否
效率	高	低	高	非常高
消耗	低	高	低	非常低
实际运营单机容量	—	1～3	1～5	数百个
针对应用	生产	研发测试	研究、生产	生产
产品类型	—	商业、免费、不开源	开源、免费	Virtuozzo 商业版本，OpenVZ 免费开源

3.5　Virtuozzo

Virtuozzo 是 SWsoft 公司的操作系统虚拟化软件的命名,该操作系统虚拟化软件是一项服务器虚拟化和自动化技术,它采用的是操作系统虚拟化技术。操作系统虚拟化的概念是基于共用操作系统内核,这样虚拟服务器就无须额外的虚拟化内核的过程,因而虚拟过程资源损耗就更低,从而可以在一台物理服务器上实现更多的虚拟化服务器。这些 VPS 以最大化的效率共享硬件、软件许可证以及管理资源。每一个 VPS 均可独立进行重启,并拥有自己的 root 访问权限、用户、IP 地址、内存、过程、文件、应用程序、系统函数库以及配置文件。Virtuozzo 技术同时支持 Linux 和 Windows 平台。

Virtuozzo 技术优点如下。

① 密度。与其他的虚拟化技术相比,Parallels Virtuozzo 在单台物理服务器(硬件节点)上可获得超过 3 倍的虚拟服务器数量。

② 最佳的易管理特性。全球唯一的在增加虚拟服务器数量同时降低操作系统复杂增长(OS sprawl)的虚拟化解决方案。

③ 原始服务器性能。虚拟服务器接近原始物理服务器性能,整合性能敏感负载后不会有性能损失困扰。

④ 高可靠性。优化整体虚拟 IT 基础架构的在线时间以确保业务连续性。

⑤ 成熟的技术。Parallels Virtuozzo 已经成功部署在超过 10 000 台物理服务器上

Virtuozzo 项目从 1999 年起,从最初的一个 Linux 系统内核,发展成为拥有命令行、Web 管理界面(VZCC/VZPP)、应用程序控制台(VZMC)的一整套虚拟平台,提供了硬件虚拟技术所无法实现的高效率、大容量、资源管理功能,同时也是业内唯一一个能提供 Windows 操作系统内核虚拟的产品。

SWsoft 公司在 2005 年推出了 Virtuozzo For Linux 的开源项目,这就是 OpenVZ。OpenVZ 目前针对的是 Linux 内核程序员以及业内资深系统管理员。缺少了全套管理工具、用户控制面板、迁移备份、后续技术支持等必备的环节,也缺少 Windows 版本支持。

3.6　虚拟化关键技术

3.6.1　创建虚拟化解决方案

虚拟化解决方案的创建由服务提供商和服务集成商完成。虚拟化解决方案是由一系列虚拟镜像或虚拟器件组成的。

(1) 创建基本虚拟镜像,如图 3-9 所示。

(2) 创建虚拟机器件镜像,如图 3-10～图 3-12 所示。

(3) 发布虚拟器件镜像。DMTF(Distributed Management Task Force)制定了开放虚拟化格式(Open Virtualization Format,OVF)。

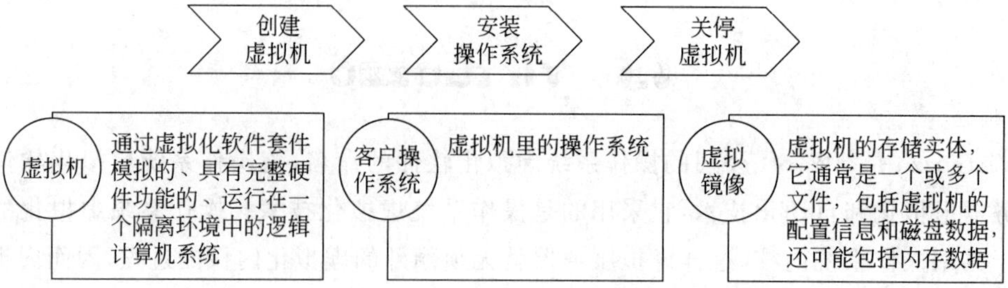

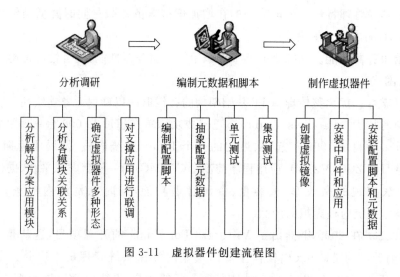

图 3-9　创建基本虚拟镜像

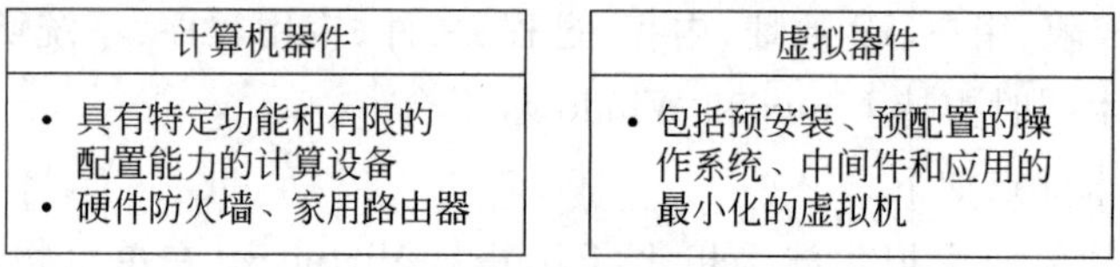

图 3-10　创建虚拟机镜像

图 3-11　虚拟器件创建流程图

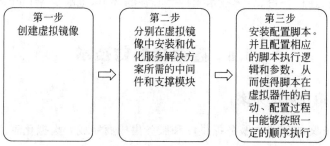

图 3-12　创建虚拟器件镜像：制作虚拟器件

① 四类关键格式：

a. 虚拟器件模板；

b. 由虚拟器件组成的解决方案模板的 OVF 描述文件；

c. 虚拟器件的发布格式 OVF 包(OVF Package);

d. 虚拟器件的部署配置文件(OVF Environment)。

② 每个虚拟化解决方案都能通过一个 OVF 文件来描述,如图 3-13 所示。

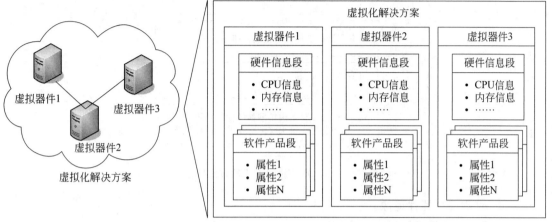

图 3-13　虚拟化解决方案

③ OVF 描述文件的实例结构,如图 3-14 所示。

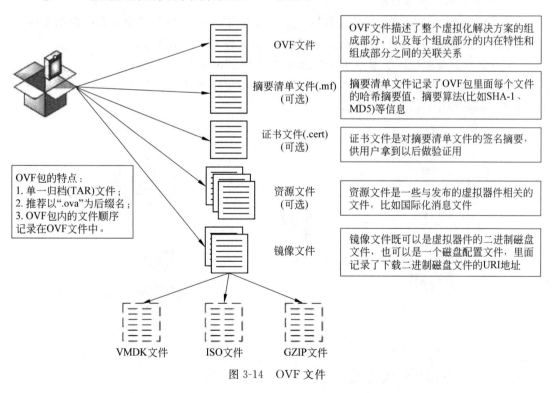

图 3-14　OVF 文件

④ OVF 包是虚拟器件最终发布的打包格式。

以 OVF 包的方式发布虚拟器件的步骤如图 3-15 所示。

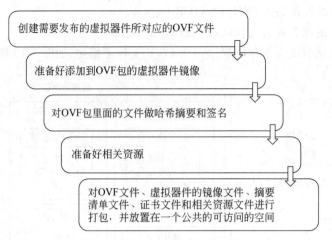

图 3-15　以 OVF 包的方式发布虚拟器件

（4）管理虚拟器件镜像。

① 镜像文件管理目标：

a. 保证镜像文件能够被快速检测到；

b. 尽量减小公共仓库的磁盘使用量；

c. 能够对镜像版本控制。

② 解决方法：对镜像文件的元数据信息和文件内容分别存储，其中元数据包括文件的大小、文件名、创建日期、修改日期、读写权限、指向文件内容的指针等。

（5）迁移到虚拟化环境虚拟化的辅助技术 P2V（Physical to Virtual）。

P2V 就是物理到虚拟，它是指将操作系统、应用程序和数据从物理计算机的运行环境迁移到虚拟环境中，如图 3-16 所示。

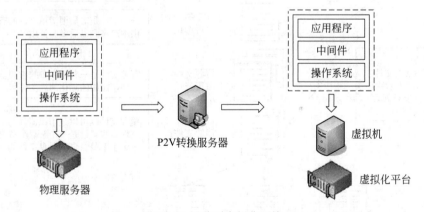

图 3-16　迁移到虚拟化环境

3.6.2　部署虚拟化解决方案

（1）规划部署环境。构建虚拟化环境的三个步骤如图 3-17 所示。

（2）部署虚拟器件，流程如图 3-18 所示。

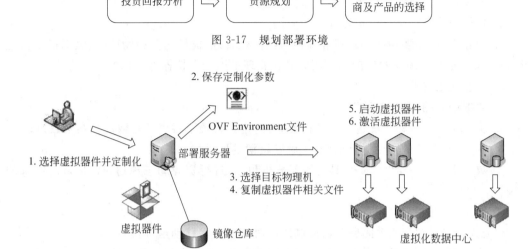

图 3-17   规划部署环境

图 3-18   部署虚拟器件流程

① 选择虚拟器件并定制化。用户选择需要部署的虚拟器件,并输入配置参数。

② 保存定制化参数文件。定制化文件保存为两个文件:一个文件保存虚拟机的硬件配置信息,用于被虚拟化平台调用来启动虚拟机;另一个文件保存的是对于虚拟器件内的软件进行定制的信息。

③ 选择部署的目标物理机服务器。目标机应满足网络畅通、足够的磁盘空间、物理资源满足虚拟机硬件资源需求、平台与器件的格式兼容的要求。

④ 复制虚拟器件的相关文件。虚拟器件镜像较大,部署时间的瓶颈在于传输所消耗的时间,其中有镜像流技术和快照技术。

⑤ 在目标机上启动部署后的虚拟器件。

(3)激活方式如下。

① 安全手动激活;

② 基于脚本的激活;

③ 单个虚拟器件的自动激活;

④ 组成解决方案的多个虚拟器件的协同激活。

3.6.3   管理虚拟化解决方案

(1)数据中心的调度需要资源的自动化调度和与业务相关的智能。需要单个业务能够自治管理,也需要负责全局控制和协调的中心节点对数据中心的业务和资源进行统一监控、管理和调度。

(2)虚拟化器件管理阶段的关键技术包括:集中监控、快捷管理、动态优化、高效备份。

(3)数据中心的管理平台能集中监控资源及其运行状态和流程。

数据中心能够集中监控数据中心的所有资源。监控各资源的使用情况、性能等,监控各个物理机上的虚拟机的拓扑结构图。

数据中心能够集中监控所有虚拟器件上运行的解决方案的状态和流程。让用户实时跟踪解决方案在部署运行期间的状态和流程的实时情况。

① 管理指令主要针对以下三种类型的实体：

a. 基础设施、虚拟机、虚拟器件内的应用。

b. 简化管理，主要包括物理机和虚拟机的简化管理，能够与各种物理机、虚拟机平台进行通信，发出指令。虚拟器件内部应用的简化管理借助于虚拟器件内部的管理模块。

c. 动态优化技术。

② 数据中心的两只"眼睛"：

a. 从虚拟化平台的角度进行资源监测，了解虚拟环境下各资源总数量和剩余数量；

b. 从应用、服务的角度进行监测，了解各资源的使用情况。

③ 数据中心的一个"大脑"：具备性能分析预测、进行资源动态规划和输出调度结果的算法。

④ 数据中心的两只"手"：

a. 宏观调整，打开或关闭服务器或利用实时迁移技术移动虚拟机；

b. 微观调整，负责调整某个服务、应用所在部分或全部虚拟机的计算资源。

⑤ 动态优化"大脑"采取的调度算法：在决策空间中的搜索算法。需要考虑的因素有服务级别协定(SLA)及负载的变化规律等。

(4) 高效备份。

① 虚拟化平台下数据备份的问题：

a. 大量具备高度相似内容的虚拟机镜像并存；

b. 有些虚拟化平台才有私有的文件系统格式；

c. 需要考虑虚拟平台的异构性和多样性；

d. 多个虚拟器件才能承载单一解决方案。

② 虚拟化平台下，主流的备份机制如下：

a. 虚拟机上的备份，沿袭传统备份方法。

优点为最大限度兼容传统的备份机制，减少为升级备份而投入的初期成本。

缺点为备份冗余度高，增加了后期存储备份数据设施的开销。

b. 虚拟机外的备份，利用虚拟机管理器提供的备份应用接口，简化数据备份和数据恢复的工作，提高备份效率。

3.6.4　虚拟化平台

目前，大型主流虚拟化厂商主要有 VMware、Microsoft、Citrix、RedHat、IBM、Oracle 等。它们分别在服务器虚拟化、桌面虚拟化、存储虚拟化等方面具有相关产品平台。

按照 IDC 的研究，2005 年之前是虚拟化技术发展的第一阶段，称为虚拟化 1.0；从 2005 年到 2010 年时虚拟化发展的第二阶段，称为虚拟化 2.0；目前已经进入虚拟化 2.5 阶段，虚拟化 3.0 阶段在不久也将会到来。根据 Gartner 的预测，到 2016 年中国 70％ 的 x86 企业服务器将实现虚拟化。

随着服务器等硬件技术和相关软件技术的进步、软件应用环境的逐步发展成熟以及应用要求不断提高，虚拟化由于具有提高资源利用率、节能环保、可进行大规模数据整合等特点成为一项具有战略意义的新技术。

首先,随着各大厂商纷纷进军虚拟化领域,开源虚拟化将不断成熟。其次,随着虚拟化技术的发展,软硬协同的虚拟化将加快发展。在这方面,内存的虚拟化已初见端倪。

3.7　虚拟化应用

市面上,一些远程接入厂商和应用接入厂商也积极在转型,加入应用虚拟化大军,诸多迹象表明,远程接入技术和应用接入技术必将过渡到应用虚拟化技术领域。在 IT 应用高度发展的当前,应用虚拟化技术以崭新的架构和强大的功能,突破了应用瓶颈问题,满足了巨大而迫切的市场需求。但是,作为一个刚出道不久的“新军”,其产品和技术上的成熟度有待考量。有专家认为,应用虚拟化这项前瞻性技术,要继续深入企业并最终形成成熟的信息化基础平台,性能优化、本地化输入、安全策略和虚拟打印四大参数将成为衡量这一技术的决定性因素。

3.8　应用虚拟化技术存在的问题

应用虚拟化技术存在一些技术问题。

(1) 不同厂商的虚拟化管理难以兼容。虚拟化厂商做的管理还是基于自己的虚拟机系统,很难跨越它自己的虚拟机系统,延伸到其他系统,这导致同一厂商软件无法管理其他厂商的虚拟机。

(2) 管理端与客户端交互困难。事实上虚拟化只是提供了一个框架,保证这种操作系统的恢复的方式以及切片式方式可以推送到各个远端的点上去,同时操作系统遇到紧急问题,它的恢复不再是传统意义上的恢复方式,需要用光盘安装或者需要用 USB 的设备来辅助这种操作系统的安装。然而,涉及管理端和客户端之间的交互,必须要借助另外的解决方案。

(3) 个性化不足。用户经常会说,虚拟化最大的特点就是它太标准化了,也就是说它的个性化的东西很少。例如,学校的老师每人有一台虚拟的客户端机,每台要连接一台打印机,而打印机有不同的型号,如果打印机型号超出虚拟化解决方案能够对应的打印机型号,则虚拟化系统无法在客户端发现这个打印机,必须要借助于其他的产品,按照设备所在的不同的场景,帮助设备智能的选择设备驱动。

(4) 客户端管理复杂,耗费人力、物力。无论是虚拟机还是真实机,后台与前端桌面的联系还依赖于人工调节和必需的硬件设备,这样耗费大量人力、物力。

(5) 硬件设备难管理。在虚拟化技术下,企业的 CIO 难以对传统的硬件设备进行宏观的管理和监测。

3.9　虚拟化数据中心建设

1. 虚拟化服务策略制定

服务策略应该包括以下两个要点:一是应以业务要求为出发点,以服务为导向,建立按需提供满足服务水平要求的高可用性、高扩展性、高灵活度和管理简化的虚拟化技术架构；二是应该以如何规划、管理和运行有效的高质量的企业虚拟化体系为目标，建立虚拟化服务的管理和运维机制。

制定虚拟化服务策略：①虚拟化服务策略的发现；②根据业务发展对IT的要求，制定满足业务和IT发展要求的虚拟化发展策略性目标；③梳理现有IT运维管理流程；④梳理现有基础架构和软硬件环境，确定可进行虚拟化的潜在资产和对象。

虚拟化服务策略分析：①对虚拟化可实现的业务和IT发展策略目标的适用性进行分析评估，确定虚拟化服务的策略目标；②映射虚拟化的服务策略目标，对与虚拟化相关的各组织、业务单元的组织协同能力和现状进行分析，确定部门协同的成熟度并进行差距分析；③映射虚拟化的服务策略目标，对当前运维和资源管理流程进行评估；④映射虚拟化的服务策略目标，对当前的软硬件环境和基础设施进行评估，确定虚拟化对软硬件环境和基础设施的需求，并进行成本和投资回报分析；⑤映射虚拟化的服务策略目标，对岗位职能配置和人员的技能进行差距分析。

根据以上分析结果，确定虚拟化服务的整体策略目标，策略远景和实现规划及演进路线。

2. 虚拟化服务设计

根据确定的虚拟化服务规划策略，进行虚拟化服务的详细设计，主要设计内容包括以下几点。

(1) 满足业务服务水平要求的(SLA)虚拟化服务目录和参考架构。

(2) 制定与虚拟化相关的各组织、业务单元的组织协同和运行策略。

(3) 根据运维和资源管理流程分析结果，参照ITIL最佳实践和虚拟化最佳实践，设计和优化虚拟化运维管理和资源管理流程。主要包括以下方面。

① 根据软硬件环境和基础设施评估分析结果，确定技术选型方案，并针对确定的技术选型方案进行详细的技术架构设计；

② 制定支撑虚拟化运维管理和服务交付的人员职业发展计划，对不同角色岗位和职能人员的培训和技能培养计划；

③ 根据虚拟化服务详细设计建立测试环境，进行原型测试，包括确定可虚拟化试点的业务范围和IT范围，根据虚拟化技术架构、运行管理架构、组织架构和服务交付和管理架构的详细设计进行测试，并根据测试中发现的问题完善和优化详细设计方案；对支撑虚拟化运维管理和服务交付的人员进行与其职能相对应的培训。

3. 虚拟化服务的迁移

(1) 将经过测试的虚拟化技术架构发布到生产环境。

(2) 根据虚拟化规划策略，实现业务备选对象的P2V迁移。

(3) 按照服务水平协议，参照虚拟化服务目录和参考架构，面向客户交付和管理虚拟化服务。

4. 虚拟化服务的运行和维护

(1) 建立虚拟化服务和资源管理的日常运行操作制度和流程，完善各种虚拟化运行手册和知识库。

(2) 基于整个IT运维管理框架，对虚拟化技术架构进行运行监控管理的统一集成，安全管理的统一集成以及虚拟化资源的申请、供给及回收利用的整个生命周期管理。

（3）基于运维管理流程的统一运行维护管理。

整个虚拟化建设分为虚拟化服务策略制定、虚拟化服务设计、虚拟化服务迁移和虚拟化服务运维四个阶段，从虚拟化的业务目标策略驱动、组织协同、自动的虚拟化管理流程、虚拟化软件、虚拟化基础设施和人员技能六个层面同步展开.

本 章 小 结

本章主要介绍了以下内容：虚拟化需求、架构、分类；虚拟器件生命周期的三个阶段；服务器虚拟化的关键技术；虚拟化部署与应用。

第 4 章

虚拟化技术应用及 IaaS 平台构建技术实例

内容提要

(1) 虚拟化技术方法;
(2) 基于 Hadoop 的私有云平台的构建;
(3) 私有云平台的开发环境配置。

目　　标

掌握基于 Hadoop 构建私有云平台及其配置方法。

重　　点

基于 Hadoop 的私有平台的构建方法。

难　　点

私有云平台的开发环境配置。

4.1　概　　述

虚拟机(Virtual Machine)是通过虚拟化技术模拟的硬件,为客户操作系统(Guest OS)运行提供了模拟的硬件环境。

虚拟机管理程序(Hypervisor)是提供管理与监控虚拟机的软件,介于物理层与客户操作系统之间。

4.2　虚拟化技术方法

虚拟化技术是 1960 年 IBM 为提高大型机的硬件使用效率开发对硬件分区的系统,在大型机上虚拟出多台计算机。Diane Greene 发现 x86 系统上同样存在使用效率过低问题,于 1998 年在美国加州的帕罗奥托市(PaloAlto)创立了 VMware(威睿)公司,并于 1999 年推出了面向 x86 架构的虚拟化产品。剑桥大学研究者在 BSD UNIX 及 Linux 系统上开发虚拟化技术项目 Xen,作为开源项目,成为 Linux 系统的默认虚拟化技术。微软 2008 年推出与 Windows 操作系统内核绑定的 Hyper-V 虚拟化软件,Linux 社区基于 Xen 推出与 Linux 内核绑定的 KVM 虚拟化软件。

个人用户可使用免费的 VMware Server 进行虚拟机构建,对于数据中心云系统,需要虚拟化软件支持大规模数据中心。虚拟化是实现云计算的一个步骤。

按虚拟化程度不同,虚拟化技术可分为:完全虚拟化、部分虚拟化、半虚拟化。可结合实际操作系统及需要搭建其中一个常用的开发平台。

4.2.1　完全虚拟化(Full Virtualization)

Hypervisor 通过模拟一个相应的硬件设备使客户操作系统在模拟的硬件环境中运行,如 1960 年 IBM 大型机使用的虚拟化技术。Hypervisor 需防止虚拟机同时访问某些资源造成操作冲突。

在全虚拟化 Hypervisor 上运行的客户操作系统不需修改。VWware Server、基于 Windows 的 Virtual PC,基于 Linux 的 Red Hat Xen、ESXi Server 等均为全虚拟化。Red Hat Xen 和 VMware ESX 需要硬件虚拟化支持,即支持 Intel-VT 或 AMD-V 的计算机。

1. 微软 Virtual PC

微软 2007 年发布 Virtual PC 2007 虚拟化软件,在 Windows 7 操作系统中,为解决应用软件兼容性问题推出 XP Mode 的版本兼容性软件。安装 Windows Virtual PC 与 Windows XP Mode 方法如下。

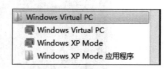

图 4-1　安装后的 Windows Virtual PC

在微软官方网站下载 Windows Virtual PC 与 Windows XP Mode,安装后在开始菜单中可以看到相应的菜单,如图 4-1 所示。

单击 Windows Virtual PC 菜单后,可看到如图 4-2 所示界面。

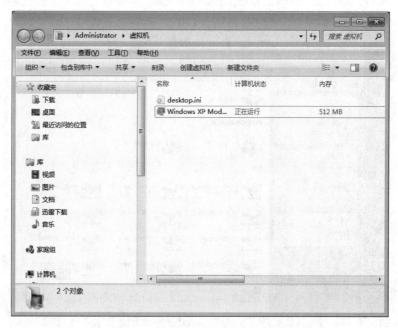

图 4-2　启动 Windows Virtual PC

启动 Windows XP Mode 虚拟机后,其界面如图 4-3 所示。

在虚拟机的开始菜单中打开"我的电脑",可看到硬盘映射等,如图 4-4 所示。

图 4-3 启动 Windows XP Mode

图 4-4 Windows XP Mode 中的"我的电脑"

微软 Windows Virtual PC 除了使用命令行控制虚拟机外,还可通过 Windows COM 编程接口控制虚拟机,如 IVM Virtual Machine 接口包含的启动/关闭/暂停/恢复虚拟机的方法名称:Startup/TurnOff/Pause/Resume。

2. Red Hat Xen

所有 Linux 发行版一般都会附带 Xen Hypervisor。安装 Xen 虚拟化软件有两种方法:①在 Linux 操作系统计算机上安装 Xen 虚拟化软件;②在安装 Red Hat 操作系统时选择安装,定制安装需用到的虚拟化软件。

使用方式为,在 Red Hat Xwindows 登录后,在命令行输入:virt-manager,在本地计算机节点上右击,选择 New 将可以创建一个新的虚拟机。

Xen 命令行工具 virsh 可操作虚拟机,其基本命令有:start/shutdown/suspend/resume 分别是启动/关闭/暂停/恢复暂停的虚拟机。Xen 还提供了 C 语言编程接口。

3. VMware ESX Server

VMware Server 是 VMware 公司提供的个人虚拟化入门的免费产品,其针对企业用户的虚拟化产品为 ESX Server,免费版本为 ESXi,注册后可下载。ESXi 目前支持 Intel Xeon 带 VT 技术,以及 AMD Opteron 带 AMD-V 技术,服务器上用。

从网上下载安装光盘并刻录至光盘后安装 ESXi Server;安装完后,打开浏览器,输入 http://ESXi Server 的 IP 地址,单击 Download vSphere Client 下载客户端安装包进行安装,装完后双击 Client 图标登录 ESXi Server 虚拟化操作平台(用户名 root,密码为上次安装时设定),单击按钮可创建虚拟机,上传安装文件的光盘镜像(iso)文件到 ESXi Server 的文件系统中,单击 power-on 即可安装客户操作系统。

ESXi Server 提供 Webservice 接口供开发人员使用,可从 VMware 官方网站下载相应的 SDK 版本。启动及关闭虚拟机的 Java 编程接口在类 com. vmware. vm. VmPortType 中,其部分方法:powerOnVM_Task 为启动虚拟机,powerOffVM_Task 为关闭虚拟机,suspendVM_Task 为暂停虚拟机。

VMware ESX Server 是 VMware 公司针对企业用户推出的关键虚拟化产品,不依赖任何第三方操作系统。

4.2.2 部分虚拟化(Partial Virtualization)

Hypervisor 只模拟部分底层硬件,需修改客户操作系统,最早出现在第一代分时系统 CTSS 和 IBM M44/44X 实验性的分时系统中,属于过渡性阶段。

4.2.3 半虚拟化(Para-Virtualization)

半虚拟化提供特殊编程接口供客户操作系统使用,客户操作系统须改造,直接与硬件交互,性能优于全虚拟化,但向不同平台硬件移植性差,不同客户操作系统之间隔离性差。

半虚拟化效率优于全虚拟化,因为是由 Hypervisor 让虚拟机能直接取用硬件运算资源,但造成运行在半虚拟化软件上的客户操作系统必须针对 Hypervisor 作修改。

1. Xen 半虚拟化

Xen 向操作系统提供了一套特殊的 Hypervisor 编程接口,它几乎支持所有版本的

Linux 半虚拟化虚拟机。在 virt-manager 中继承了半虚拟化与全虚拟化技术,创建虚拟机时选择 Paravirtualized 即采用半虚拟化方式创建虚拟机,此时不能使用虚拟光驱,序配置安装镜像文件。

2. VMware 半虚拟化

VMware ESXi Server 4.1 同时支持全虚拟化与半虚拟化技术,在虚拟机选项窗口中选择 Enable VMI paravirtualization 复选框即可。

VMware 半虚拟化可能在不久将不再被支持,因为新的 Intel-VT 和 AMD-V 技术的发展,以及 VMI 需要与 Linux 及微软操作系统集成的原因。

3. 微软 Hyper-V

微软在推出 Windows Server 2008 的同时,附带 Hyper-V,采用了半虚拟化技术。在 x64 计算机上安装 Windows 2008 后登录,在"开始"菜单→"管理工具"→"服务器管理器"中,右击节点添加角色 Hyper-V,此时会验证硬件是否支持虚拟化,若不支持则报错并且不能安装 Hyper-V,若通过验证则可根据向导安装。重启后在开始菜单中会增加 Hyper-V 管理器。

Hyper-V 的管理器中右击 host name 节点可创建新的虚拟机。目前支持 Windows、SUSE、Red Hat。

4.3 PXE

PXE(Preboot Execute Environment)是 Intel 公司开发的系统预启动执行环境,可帮助用户通过物理网络安装操作系统,将服务器上光盘镜像安装到计算机上。一般在 BIOS 中设定计算机以 PXE 模式启动,以 DHCP 动态分配 IP 地址,在服务器将启动程序包及下载地址 TFTP 服务器发送给计算机,由计算机下载 NBP 并以之引导系统,完成安装。

需要配置:TFTP 服务器(/etc/xinetd. d/tftp 文件),启动软件包 NBP(/tftpboot/pxelinux. cfg/default 客户端配置文件),DHCP 服务器(/etc/dhcpd. conf 文件)。

4.4 负载均衡

负载均衡是将任务分发到两台或两台以上计算机、CPU、硬盘等资源上以期望达到资源优化利用、高吞吐、快速反馈、防过载等。负载均衡服务是由特定程序或硬件设备来担当。一般用于门户网站、网络通信、资源下载等。Apache Tomcat Connecter 是 Apache 为 Tomcat 集群开发的一种负载均衡器,将 Apache Http 服务器接收的用户请求转发给多个 Tomcat 服务器。需要配置 Apache 安装目录下的 conf 文件夹中的 httpd. conf 文件和 workers. properties 文件。

循环 DNS 负载均衡是门户网站常用的负载均衡方式,将多个服务器的 IP 地址绑定到一个固定的域名上,由浏览器选择连接哪一个服务器,采用 nslookup 域名可观察其情况。

4.5　基于 Hadoop 的私有云平台的构建

需求分析：企业或实验室拥有多台计算机，不同部门的利用率不同。为了充分利用现有的计算资源并按需分配，需解决以下问题。

① 满足资源需求不大的应用计算；

② 满足资源需求较大的应用；

③ 关键应用需确保资源可用性。

为此，可搭建 IaaS 平台进行资源的集中管理和按需分配。

4.5.1　Hadoop 架构

Hadoop 最初是为一个开源的网络搜索引擎（Apache Nutch）而开发的文本搜索库。Nutch 开始于 2002 年，最初为一个抓取工具和一个搜索工具，但无法处理数十亿网页搜索工作；2004 年借鉴 Google GFS 开发 NDFS，即 HDFS 前身，并借鉴 MapReduce；2006 年 2 月成为一个独立的 Lucene 子项目，即现在的开源云计算平台 Hadoop。

Hadoop 主要包含三个组件：Hadoop Common、HDFS、MapReduce。Hadoop 运行需要 Linux Shell 支持且需安装 SSH 等相关 Linux 组件。

1. HDFS

HDFS（Hadoop Distributed File System）是为 Hadoop 开发的分布式文件系统，采用主/从（Master/Slave）架构，由一个 NameNode 节点和多个 DataNode 节点组成。HDFS 提供给用户相应的文件命名空间存储数据文件，一般会将文件切分为几块，分块存放在一组数据节点，再由 NameNode 打开、关闭、重命名文件与目录等，由 DataNode 响应客户端文件读写操作，处理 NameNode 发起的创建、删除、备份数据块的请求。

HDFS 支持冗余备份数据，默认分成 64MB 的数据块，复制到多台 DataNode 节点上。HDFS 支持机架感知技术。

2. MapReduce

MapReduce 是为多台计算机并行处理大量数据而设计的并行计算框架。MapReduce 框架包含一个独立的主服务器 JobTracker 以及一组与 DataNode 安装在一起的从服务器 TaskTracker。主服务器调任务到从服务器并监控任务，重新执行失败的任务。

Hadoop 自带的程序包是通过 Hadoop 的 MapReduce 框架编写的示例程序。MapReduce 框架主要对<key,value>（键值对）进行操作，输入、输出参数都是由<key,value>组成的集合。在 Hadoop 中数据值需被序列化后才可使用，用户需实现 Writable 接口，并实现 WritableComparable 接口进行键值排序。

一个典型的 MapReduce 工作输入输出过程如下。

① Mapper 通过得到需要处理的文件；

② 对文件的每一行进行 map 处理；

③ Combiner 对 map 结果预处理；

④ Mapper 最终结果以文件形式存放在本地；

⑤ Reducer 根据具体应用逻辑向 JobTracker 查询文件在哪个节点上；

⑥ Reducer 根据 Key 值处理 Mapper 输出结果；

⑦ Reducer 将最终结果以文件形式输出到 HDFS 上。

4.5.2 基于 Hadoop 云平台构建

1. 构建方法与步骤

（1）方法

① 利用 VMware Server 创建一个 Linux 虚拟机；

② 安装 Java SDK；

③ 安装配置 Hadoop。可建立一个 Linux 虚拟机，其他可同样安装配置，或者也可通过克隆得到。Linux 虚拟机的用户名及密码均设置为 cloud、123456。

（2）步骤

① 安装虚拟化软件 VMware Server 或 VMware Workstation，本书选用后者，后者没有 Web 远程管理和客户端管理。VMware Server 是面向服务器应用的，而 VMware Workstation 和 VirtualBox 是面向桌面应用。

② 在虚拟化软件上增加 Linux 虚拟机（CentOS 或 Ubuntu），配置可根据实际情况（主机性能需求），本书采用 Ubuntu 12.04 版。

③ 安装 Java SDK 到/usr/jdk（也可为其他目录），并配置参数文件。

```
sudo vi /etc/profile
```

在文件后面追加以下语句：

```
JAVA_HOME=/usr/jdk
CLASSPATH=$JAVA_HOME/lib
PATH=$PATH:$JAVA_HOME/bin
export PATH JAVA_HOME CLASSPATH
```

④ 安装 SSH，并复制分发密钥文件。

⑤ 安装 Hadoop，并配置参数文件（core-site.xml，hdfs-site.xml，mapred-site.xml），修改 conf/masters 和 conf/slaves 文件内容，详见下文。

2. 参数配置

（1）需要修改配置参数文件/etc/hosts，添加主机名及 IP，如表 4-1 所示。

表 4-1 节点 IP 及机器名

序号	IP	机 器 名	节点类型
1	192.168.153.135	master cloudv003	NameNode DataNode
2	192.168.153.136	cloudv001	DataNode
3	192.168.153.137	cloudv002	DataNode

```
/etc/hosts:
127.0.0.1    localhost

#The following lines are desirable for IPv6 capable hosts
::1     ip6-localhost ip6-loopback
fe00::0 ip6-localnet
```

```
ff00::0 ip6-mcastprefix
ff02::1 ip6-allnodes
ff02::2 ip6-allrouters

#hadoop cluster
192.168.153.135 master cloudv003
#192.168.153.135 cloudv003
192.168.153.136 cloudv001
192.168.153.137 cloudv002
```

（2）需要配置修改 hadoop 目录下的 conf/core-site.xml，conf/hdfs-site.xml，mapred-site.xml，以及 conf/masters，conf/slaves 文件。

```
Hdfs-site.xml:
<configuration>
    <property>
        <name>dfs.replication</name>
        <value>3</value>
        <description>The actual number of replications can be specified when the
file is created.</description>
    </property>
    <property>
        <name>dfs.hosts.exclude</name>
        <value>/home/cloud/hadoop/conf/excludes</value>
    </property>
    <property>
        <name>dfs.name.dir</name>
        <value>/home/cloud/hadoop/namenode_data</value>
        <description>name data</description>
    </property>

    <property>
        <name>dfs.data.dir</name>
        <value>/home/cloud/hadoop/hadoop_data</value>
        <description>data dir</description>
    </property>
</configuration>

core-site.xml:
<?xml version="1.0"?>
<?xml-stylesheet type="text/xsl" href="configuration.xsl"?>

<!--Put site-specific property overrides in this file. -->

<configuration>
        <property>
                <name>fs.default.name</name>
                <value>hdfs://master:9000</value>
                <description>The name of the file system.</description>
        </property>
        <property>
```

```
        <name>hadoop.tmp.dir</name>
        <value>/home/cloud/hadoop/tmp</value>
    </property>
    <property>
        <name>io.file.buffer.size</name>
        <value>65536</value>
    </property>
</configuration>

mapred-site.xml:
<?xml version="1.0"?>
<?xml-stylesheet type="text/xsl" href="configuration.xsl"?>

<!--Put site-specific property overrides in this file. -->

<configuration>
    <property>
        <name>mapred.job.tracker</name>
        <value>master:9001</value>
        <description>The host and port that hte MapReduce job tracker runs at.
        </description>
    </property>
</configuration>

conf/masters:
master
conf/slaves:
cloudv001
cloudv002
cloudv003
```

（3）格式化 Hadoop 存储集群，命令如下：

```
hadoop/bin/hadoop namenode-format
```

（4）启动 Hadoop 集群，命令如下：

```
hadoop/bin/start-all.sh
```

（5）查看 hadoop 集群。

① 在浏览器中查看 NameNode：http://master:50070 或 http://192.168.153.135:50070

② 在浏览器中查看 DataNode：http://maser:50030 或 http://192.168.153.135:50030

③ 或者使用命令查看 HDFS 工作状况：

```
Hadoop/bin/hadoop dfsadmin-report
```

（6）测试：将普通硬盘分区上的文件复制到 Hadoop 存储集群的 input 目录下。

① 将 hadoop/conf 下所有文件复制到 HDFS 系统中的 input 文件夹：

```
Hadoop/bin/hadoop fs -kdir input
Hadoop/bin/hadoop fs -put conf/*.xml input
```

② 计算 XML 文件中以 proper 开头的关键字，并按关键字出现的次数：

Hadoop/bin/hadoop jar hadoop-examples-1.0.0.1.jar grep input output [propert[a-z.]

③ 通过 Hadoop 自带的 cat 命令直接打开 HDFS 上的文件：

Bin/hadoop/fs -cat output/*

4.6 私有云平台的开发环境配置

4.6.1 安装并配置 Eclipse 开发环境

对于 Java 开发人员，Hadoop 提供了 Eclipse 集成开发环境，并将 hadoop-eclipse-plugin-1.0.1.jar 文件复制到 ${Eclipse}\dropins 目录中。

此处采用 MyEclipse 8.6 集成开发环境，并将 hadoop-eclipse-plugin-1.0.1.jar 文件复制到 ${MyEclipse}\dropins 目录中，重启 Eclipse 或 MyEclipse 后可安装插件。

启动 myeclipse.exe，默认/home/cloud/linux-myeclipse 工作目录，可修改为自己的工作目录，例如,/home/cloud/Downloads/cd-cloudcomputingapp。

选择 Flie/New Project 菜单后，单击 Map/Reduce，新建 Map/Reduce Project，如图 4-5 所示。

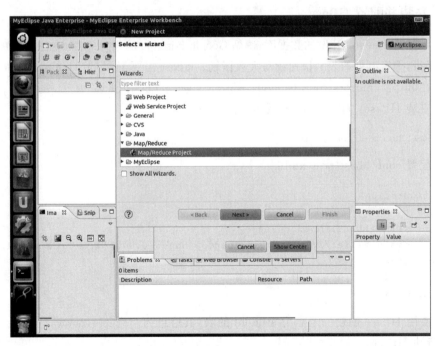

图 4-5 新建 Map/Reduce Project

单击 Next 按钮，定义工程名，以及 Hadoop 库文件路径（例如,/home/cloud/hadoop/lib），如图 4-6 所示。

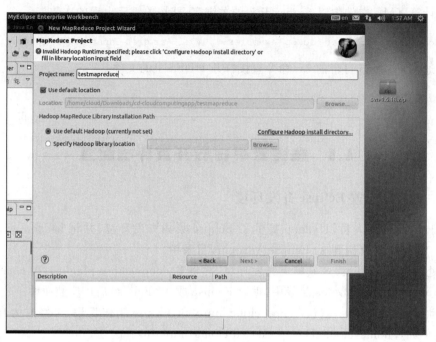

图 4-6　设置工程属性

4.6.2　安装并配置 HBase

HBase 是为 Hadoop 开发的数据库，遵循 Google Bigtable 的设计思路，专注于解决大数据量表（十亿行，上百万列的表），快速读写大数据量。HBase 需要 Hadoop HDFS 的支持。

（1）在 http://mirrors. tuna. tsinghua. edu. cn/apache/hbase/hbase -0. 94. 7/下载 HBase。

（2）安装 HBase：首先解压，然后进行配置：

```
Tar -xzf hbase-0.94.7.tar.gz
```

（3）配置 conf/hbase-site. xml：

```
<configuration>
<property>
        <name>hbase,rootdir</name>
        <value>file:////home/cloud/hadoop/hbase-0.94.7/data/hbase</value>
</property>

</configuration>
```

（4）使用 HBase 创建一个名为 student 的表，其信息为 4 列：id,name,birth,gender。

① 启动 HBase：

```
./bin/start-hbase.sh
```

② 启动 HBase Shell：

```
./bin/hbase shell
```

③ 创建表和操作表：输入提上符后面的命令（如 create 'student','studentinfo'），可显示相应的结果。

```
hbase(main):001:0>create 'student','studentinfo'
                                        #创建表 student,它有一个 studentinfo 列族
0 row(s) in 1.6030 seconds

hbase(main):005:0>put 'student','monitor','studentinfo:id','1'     #输入数据
0 row(s) in 0.0230 seconds

hbase(main):006:0>put 'student','monitor','studentinfo:name','ZhangHong'
0 row(s) in 0.0140 seconds

hbase(main):007:0>put 'student','monitor','studentinfo:birth','1990-03-04'
0 row(s) in 0.0060 seconds

hbase(main):008:0>put 'student','monitor','studentinfo:gender','female'
0 row(s) in 0.0550 seconds

hbase(main):009:0>get 'student','monitor'          #查询行名为 monitor 的数据

COLUMN              CELL
studentinfo:birth  timestamp=1368359179707, value=1990-03-04
studentinfo:gender timestamp=1368359191776, value=female
studentinfo:id     timestamp=1368359128317, value=1
studentinfo:name   timestamp=1368359155408, value=ZhangHong
4 row(s) in 0.0310 seconds

hbase(main):010:0>scan 'student'               #查看表 student 中所有数据
ROW                COLUMN+CELL
monitor            column=studentinfo:birth, timestamp=1368359179707, value=
                   1990-03-04
monitor            column=studentinfo:gender, timestamp=1368359191776, value=
                   female
monitor            column=studentinfo:id, timestamp=1368359128317, value=1
monitor            column=studentinfo:name, timestamp=1368359155408, value=
                   ZhangHong
1 row(s) in 0.0280 seconds
```

4.6.3　安装并配置 ZooKeeper

ZooKeeper 是分布式应用服务框架。新版 HBase 安装包中已经包含了 ZooKeeper，只需对 HBase 稍加配置即可。

```
vi conf/hbase-site.xml
```

```
<configuration>
<property>
        <name>hbase,rootdir</name>
<!--    <value>file:////home/cloud/hadoop/hbase-0.94.7/data/hbase</value>-->
        <value>hdfs://master:9000/hbase</value>

</property>
<property>
        <name>hbase.cluster.distributed</name>
        <value>true</value>
</property>
<property>
        <name>hbase.zookeeper.quorum</name>
        <value>master</value>
        <descripton>Comma separated list of servers in the ZooKeeper Quorum.
If HBASE_MANAGES_ZK is set in hbase-env.sh this is the list of servers which we
will start/stop Zookeeper on.
        </description>
</property>
<property>
        <name>hbase.zookeeper.property.dataDir</name>
        <value>/data/hadoop/zookeeper/snapshot</value>
        <description>Property from ZooKeeper's config zoo.cfg.
        The directory where the snapshot is stored.
        </description>
        </property>
</configuration>
```

配置 conf/regionservers：

```
cloudv001
cloudv002
```

需要将 Hadoop 文件夹下的 hadoop-1.0.1-core.jar 库文件复制到 hbase/lib/下否则无法正常启动 HBase。启动之后，可创建表进行测试。

本章小结

本章主要介绍了虚拟化技术应用及 IaaS 平台构建技术实例。

云存储原型系统集群搭建及云网盘设计与开发

(1) 云存储原型系统设计与构建；

(2) 启动或关闭 Hadoop 集群系统；

(3) 云网盘软件设计与开发；

(4) 云存储原型及云网盘系统测试。

目 标

掌握基于 Hadoop 构建云存储集群、云网盘设计与开发方法。

重 点

基于 Hadoop 构建云存储集群方法、云网盘设计与开发方法。

难 点

云网盘设计与开发方法。

5.1 云存储原型系统设计与构建

云存储原型系统的构建采用机房申请报废的旧 PC,通过构建局域网实现互联。在此局域网上,搭建基于 Hadoop 的云存储集群。机器的位置可以是分布在各个机房内,在校园网内可以互联(ping 通)。通过安装和配置 Linux 操作系统,安装 JDK、Hadoop 组件,设置 ssh、名称节点和数据节点配置文件,构建一个云存储集群。

此云存储集群采用 Hadoop 系统分布式存储与并行计算架构,如图 5-1 所示,其中包含 HDFS 分布式文件系统和 MaoReduce 并行计算框架。

云存储集群构建使用的软件平台及组件为:①Linux 操作系统——CentOS 6,Ubuntu 12.04;②JDK 1.6.0_32;③Hadoop 1.0.1;④openssh。通过软硬件的结合,最终集成为云存储原型系统,可用于存储及文件资源等的集中管理与共享。

云存储原型系统的功能是:1 个名称节点作为云存储服务器,6 个数据节点作为数据存储节点,共同组成云存储系统。将 PC 或台式机、移动节点(笔记本电脑、移动存储设备构建

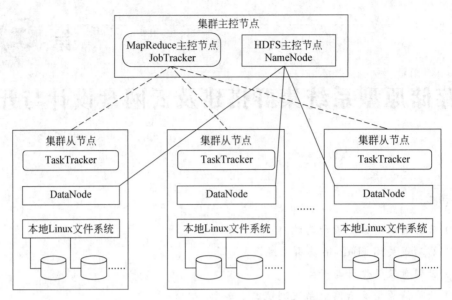

图 5-1　Hadoop 系统分布式存储与并行计算架构

的虚拟机为平台的数据节点）等集成为一个云存储集群，并支持存储资源共享、动态扩展、自动负载均衡等特性。

5.1.1　云存储原型系统的构建步骤

Hadoop 集群安装步骤如下。

① 安装 Linux：这里选用了 CentOS 6，后来又有部分主机或虚拟机选用 Ubuntu 12.04。

② 配置各节点的/etc/hostname 和/etc/hosts 文件。

③ 更新各节点的 openssh：

对于 Ubuntu，可采用的命令为：sudo apt-get install openssh-client

④ 生成密钥对，配置 master 免密码登录数据节点：

```
ssh-keygen -t rsa -P ''
cat .ssh/id_rsa.pub >> cloud02:/home/cloud/.ssh/authorized_keys
```

⑤ 安装 jdk，配置/etc/profile（详细配置说明见下一部分）。

⑥ 安装 hadoop，配置 hadoop/conf/下的相关文件。

⑦ 格式化集群：

```
hadoop/bin/hadoop namenode -format
```

⑧ 启动集群：

```
hadoop/bin/start-all.sh
```

⑨ 若需停止集群，比如维护等，则可执行一下命令：

```
hadoop/bin/stop-all.sh
```

⑩ 已配置的节点,若因故中途退出集群,后续需动态加入的节点可手工启动以重新加入集群:

```
hadoop/bin/hadoop-daemon.sh start datanode
hadoop/bin/hadoop-daemon.sh start tasktracker
```

⑪ 后续需增加的节点可手工启动加入集群:

```
hadoop/bin/hadoop-daemon.sh -configuration hadoop/conf start datanode
hadoop/bin/hadoop-daemon.sh -configuration hadoop/conf start tasktracker
```

5.1.2　云存储原型系统的 Hadoop 集群主节点配置

Hadoop 集群主节点配置文件如下。Hadoop 集群主节点即名称节点(namenode)。

1. 主机配置

(1) /etc/hostname

```
sudo vi/etc/hostname
```

在文件中设置主机名字,其内容如:

```
master
```

(2) /etc/hosts

```
sudo vi/etc/hosts
```

在其中加入集群成员主机 IP 与域名对照信息表。在 master 节点上,其内容为

```
127.0.0.1       localhost
172.16.41.21    master

#The following lines are desirable for IPv6 capable hosts
::1     ip6-localhost ip6-loopback
fe00::0 ip6-localnet
ff00::0 ip6-mcastprefix
ff02::1 ip6-allnodes
ff02::2 ip6-allrouters

#hadoop
172.16.41.12    cloud02
172.16.41.13    cloud03
172.16.41.14    cloud04
172.16.41.20    cloud05
172.16.41.16    cloud06

172.16.20.203   cloud20701
172.16.20.205   cloud20702
```

(3) /etc/profile

```
sudo vi /etc/profile
```

在 profile 原文件末尾加上以下内容。

```
#Java

export JAVA_HOME=/usr/jdk
export CLASSPATH=$JAVA_HOME/lib
export PATH=$ PATH:$JAVA_HOME/bin

#Hadoop conf dir

HADOOP_PATH=/home/cloud/hadoop
export HADOOP_PATH
```

（4）/etc/fstab

```
sudo vi /etc/fstab
```

在 fstab 原文件末尾增加分区描述信息。对 master 主机，其 fstab 增加分区行后文件全文的信息如下。

```
#/etc/fstab: static file system information.
#
#Use 'blkid' to print the universally unique identifier for a
#device; this may be used with UUID=as a more robust way to name devices
#that works even if disks are added and removed. See fstab(5).
#
#<file system><mount point>  <type>  <options>      <dump><pass>
proc            /proc        proc    nodev,noexec,nosuid 0    0
#/ was on /dev/sda1 during installation
UUID=3409ffeb-73d3-474c-b04a-d76c22757357 /    ext4
errors=remount-ro 0  1

/dev/sda2    /media/A        ext4 defaults 0 0
```

2. Hadoop 集群配置

（1）hadoop/conf/hadoop-env.sh
主要修改处是在其中加入一条 JAVA 虚拟机主目录定义。其内容为

```
export JAVA_HOME=/usr/jdk
```

文件的内容配置如下。

```
#set JAVA_HOME in this file, so that it is correctly defined on
#remote nodes.

#The java implementation to use. Required.
export JAVA_HOME=/usr/jdk

#Extra Java CLASSPATH elements. Optional.
#export HADOOP_CLASSPATH=

#The maximum amount of heap to use, in MB. Default is 1000.
```

```
#export HADOOP_HEAPSIZE=2000

#Extra Java runtime options. Empty by default.
#export HADOOP_OPTS=-server

#Command specific options appended to HADOOP_OPTS when specified
export HADOOP_NAMENODE_OPTS="-Dcom.sun.management.jmxremote $HADOOP_NAMENODE_OPTS"
export HADOOP_SECONDARYNAMENODE_OPTS="-Dcom.sun.management.jmxremote $HADOOP_
SECONDARYNAMENODE_OPTS"
export HADOOP_DATANODE_OPTS="-Dcom.sun.management.jmxremote $HADOOP_DATANODE_OPTS"
export HADOOP_BALANCER_OPTS="-Dcom.sun.management.jmxremote $HADOOP_BALANCER_OPTS"
export HADOOP_JOBTRACKER_OPTS="-Dcom.sun.management.jmxremote $HADOOP_JOB-
TRACKER_OPTS"
#export HADOOP_TASKTRACKER_OPTS=
#The following applies to multiple commands (fs, dfs, fsck, distcp etc)
#export HADOOP_CLIENT_OPTS

#Extra ssh options. Empty by default.
#export HADOOP_SSH_OPTS="-o ConnectTimeout=1 -o SendEnv=HADOOP_CONF_DIR"

#Where log files are stored. $HADOOP_HOME/logs by default.
#export HADOOP_LOG_DIR=${HADOOP_HOME}/logs

#File naming remote slave hosts. $HADOOP_HOME/conf/slaves by default.
#export HADOOP_SLAVES=${HADOOP_HOME}/conf/slaves

#host:path where hadoop code should be rsync'd from. Unset by default.
#export HADOOP_MASTER=master:/home/$USER/src/hadoop

#Seconds to sleep between slave commands. Unset by default. This
#can be useful in large clusters, where, e.g., slave rsyncs can
#otherwise arrive faster than the master can service them.
#export HADOOP_SLAVE_SLEEP=0.1

#The directory where pid files are stored. /tmp by default.
#export HADOOP_PID_DIR=/var/hadoop/pids

#A string representing this instance of hadoop. $USER by default.
#export HADOOP_IDENT_STRING=$USER

#The scheduling priority for daemon processes. See 'man nice'.
#export HADOOP_NICENESS=11
```

(2) hadoop/conf/core-site.xml
文件的内容配置如下。

```
<?xml version="1.0"?>
<?xml-stylesheet type="text/xsl" href="configuration.xsl"?>

<!--Put site-specific property overrides in this file. -->
```

```
<configuration>
    <property>
        <name>fs.default.name</name>
        <value>hdfs://master:9000</value>
        <description>The name of the file system.</description>
    </property>
    <property>
        <name>hadoop.tmp.dir</name>
        <value>/home/cloud/hadoop/tmp</value>
    </property>
    <property>
        <name>io.file.buffer.size</name>
        <value>65536</value>
    </property>
</configuration>
```

（3）hadoop/conf/hdfs-site.xml

文件的内容配置如下。

```
<?xml version="1.0"?>
<?xml-stylesheet type="text/xsl" href="configuration.xsl"?>

<!--Put site-specific property overrides in this file. -->

<configuration>
        <property>
        <name>dfs.replication</name>
        <value>3</value>
        <description>The actual number of replications can be specified when the
file is created.</description>
    </property>
    <property>
        <name>dfs.hosts.exclude</name>
        <value>/home/cloud/hadoop/conf/excludes</value>
    </property>
    <property>
        <name>dfs.name.dir</name>

        <value>/media/A/namenode_data,/home/cloud/hadoop/namenode_data</value>
        <description>namenode data</description>
    </property>

    <property>
        <name>dfs.data.dir</name>

        <value>/media/B/hadoop _ data,/media/C/hadoop _ data,/media/D/hadoop _
data,/home/cloud/hadoop/hadoop_data</value>
        <description>data</description>
    </property>
</configuration>
```

（4）hadoop/conf/mapred-site. xml

文件的内容配置如下。

```xml
<?xml version="1.0"?>
<?xml-stylesheet type="text/xsl" href="configuration.xsl"?>

<!--Put site-specific property overrides in this file. -->

<configuration>
        <property>
                <name>mapred.job.tracker</name>
                <value>master:9001</value>
                <description>The host and port that hte MapReduce job tracker runs at.
                </description>
    </property>
</configuration>
```

（5）hadoop/conf/excludes.

文件可以配置动态删除节点。Excludes 的内容配置如下。其中的内容可动态修改，表示其中的节点从集群中动态删除。若需恢复到集群中，则将其从 excludes 中删除即可。

```
cloud20701
cloud20702
cloud06
```

5.1.3　云存储原型系统的 Hadoop 集群数据节点配置

以 cloud05 为例，其环境配置及 Hadoop 参数配置如下。cloud05 的 IP 地址为 172.16.41.20，名称节点和数据节点在许多配置方面基本相似，主要在 fstab、hostname 等上不同。

1. 环境配置

（1）/etc/profile

末尾加上以下内容：

```
#Java

export JAVA_HOME=/usr/jdk
export CLASSPATH=$JAVA_HOME/lib
export PATH=$PATH:$JAVA_HOME/bin

#Hadoop conf dir

HADOOP_PATH=/home/cloud/hadoop
export HADOOP_PATH
```

（2）/etc/hostname

```
cloud05
```

(3) /etc/hosts

```
127.0.0.1        localhost
172.16.41.20     cloud05

#The following lines are desirable for IPv6 capable hosts
::1      ip6-localhost ip6-loopback
fe00::0 ip6-localnet
ff00::0 ip6-mcastprefix
ff02::1 ip6-allnodes
ff02::2 ip6-allrouters

#Hadoop
172.16.41.21     master
172.16.41.12     cloud02
172.16.41.13     cloud03
172.16.41.14     cloud04

172.16.20.203    cloud20701
172.16.20.205    cloud20702
```

(4) /etc/fstab

```
#/etc/fstab: static file system information.
#
#Use 'blkid' to print the universally unique identifier for a
#device; this may be used with UUID=as a more robust way to name devices
#that works even if disks are added and removed. See fstab(5).
#
#<file system><mount point>  <type>  <options>    <dump>  <pass>
proc            /proc        proc    nodev,noexec,nosuid 0    0
#/ was on /dev/sdb1 during installation
UUID=69ea6172-aee3-4fa0-ad18-3f16a2422a62 /   ext4
errors=remount-ro 0   1
#swap was on /dev/sdb3 during installation
UUID=3da13757-4547-4adc-b02f-d89147ebd232 none    swap    sw    0        0

/dev/sda2       /media/D        ext4        defaults        0        0
/dev/sdb        /media/B        ext4        defaults        0        0
/dev/sdc1       /media/C        ext4        defaults        0        0
```

2. Hadoop datanode 配置

(1) core-stie. xml

```xml
<?xml version="1.0"?>
<?xml-stylesheet type="text/xsl" href="configuration.xsl"?>


<!--Put site-specific property overrides in this file. -->


<configuration>
    <property>
        <name>fs.default.name</name>
        <value>hdfs://master:9000</value>
```

```
        <description>The name of the file system.</description>
    </property>
    <property>
        <name>hadoop.tmp.dir</name>
        <value>/home/cloud/hadoop/tmp</value>
    </property>
    <property>
        <name>io.file.buffer.size</name>
        <value>65536</value>
    </property>
</configuration>
```

（2）hdfs-site. xml

```
vi hadoop/conf/hdfs-site.xml
        <property>
        <name>dfs.replication</name>
        <value>3</value>
        <description>The actual number of replications can be specified when the
file is created.</description>
    </property>
    <property>
        <name>dfs.hosts.exclude</name>
        <value>/home/cloud/hadoop/conf/excludes</value>
    </property>
    <property>
        <name>dfs.name.dir</name>

        <value>/media/A/namenode_data,/home/cloud/hadoop/namenode_data</value>
        <description>namenode data</description>
    </property>

    <property>
        <name>dfs.data.dir</name>

        <value>/media/B/hadoop _ data,/media/C/hadoop _ data,/media/D/hadoop _
data,/home/cloud/hadoop/hadoop_data</value>
        <description>data</description>
    </property>
</configuration>
```

（3）mapred-site. xml

```
<?xml version="1.0"?>
<?xml-stylesheet type="text/xsl" href="configuration.xsl"?>

<!--Put site-specific property overrides in this file. -->

<configuration>
        <property>
                <name>mapred.job.tracker</name>
```

```
          <value>master:9001</value>
          <description>The host and port that hte MapReduce job tracker runs at.
          </description>
      </property>
  </configuration>
```

(4) hadoop-env. sh

```
#set JAVA_HOME in this file, so that it is correctly defined on
#remote nodes.

#The java implementation to use. Required.
export JAVA_HOME=/usr/jdk

#Extra Java CLASSPATH elements. Optional.
#export HADOOP_CLASSPATH=

#The maximum amount of heap to use, in MB. Default is 1000.
#export HADOOP_HEAPSIZE=2000

#Extra Java runtime options. Empty by default.
#export HADOOP_OPTS=-server

#Command specific options appended to HADOOP_OPTS when specified
export HADOOP_NAMENODE_OPTS="-Dcom.sun.management.jmxremote $HADOOP_NAMENODE_OPTS"
export HADOOP_SECONDARYNAMENODE_OPTS="-Dcom.sun.management.jmxremote $HADOOP_
SECONDARYNAMENODE_OPTS"
export HADOOP_DATANODE_OPTS="-Dcom.sun.management.jmxremote $HADOOP_DATANODE_OPTS"
export HADOOP_BALANCER_OPTS="-Dcom.sun.management.jmxremote $HADOOP_BALANCER_OPTS"
export HADOOP_JOBTRACKER_OPTS="-Dcom.sun.management.jmxremote $HADOOP_JOB-
TRACKER_OPTS"
#export HADOOP_TASKTRACKER_OPTS=
#The following applies to multiple commands (fs, dfs, fsck, distcp etc)
#export HADOOP_CLIENT_OPTS

#Extra ssh options. Empty by default.
#export HADOOP_SSH_OPTS="-o ConnectTimeout=1 -o SendEnv=HADOOP_CONF_DIR"

#Where log files are stored. $HADOOP_HOME/logs by default.
#export HADOOP_LOG_DIR=${HADOOP_HOME}/logs

#File naming remote slave hosts. $HADOOP_HOME/conf/slaves by default.
#export HADOOP_SLAVES=${HADOOP_HOME}/conf/slaves

#host:path where hadoop code should be rsync'd from. Unset by default.
#export HADOOP_MASTER=master:/home/$USER/src/hadoop

#Seconds to sleep between slave commands. Unset by default. This
#can be useful in large clusters, where, e.g., slave rsyncs can
#otherwise arrive faster than the master can service them.
#export HADOOP_SLAVE_SLEEP=0.1
```

```
#The directory where pid files are stored. /tmp by default.
#export HADOOP_PID_DIR=/var/hadoop/pids

#A string representing this instance of hadoop. $USER by default.
#export HADOOP_IDENT_STRING=$USER
#The scheduling priority for daemon processes. See 'man nice'.
#export HADOOP_NICENESS=10
```

5.2　启动或关闭 Hadoop 集群系统

（1）分发 Hadoop 文件到各数据节点。

使用 ssh 的 scp 命令，在发送前确认 datanode 上的环境配置好，检查/etc/profile、/etc/hosts 是否配置正确，最后将 hadoop 发送到 DataNode 上，命令如下：

```
scp-r /home/cloud/hadoop cloudxx:/home/cloud/
```

（2）刚搭建好的集群，先格式化环境，命令如下：

```
bin/hadoop namenode-format
```

（3）启动 Hadoop，命令如下：

```
bin/start-all.sh
```

（4）关闭集群，命令如下：

```
bin/stop-all.sh
```

5.3　云网盘软件设计与开发

云网盘软件的设计与开发目的：为了开发基于云存储原型系统的 Web 接口和界面，给用户提供一个友好的界面访问云存储系统，实现文件上传、下载、共享等，并提供用户管理功能。

云网盘的设计与开发工具：云存储原型系统上安装和配置了开发环境：采用 Java 作为开发语言，选用 Tomcat 6 为 Web 服务器，MySQL 5 为数据库，MyEclipse 8.6 为集成开发环境。云网盘软件基于云存储原型系统进行设计与开发，并基于 JSP＋SSH＋Tomcat＋MySQL＋MyEclipse 编程实现、测试和调试。

云网盘软件的主要功能：用户管理，用户注册、登录，文件上传、下载、文件共享、文件夹管理等。具体界面见下一节的测试网页截图。

5.4　云存储原型及云网盘系统测试

5.4.1　测试方法

项目云存储原型系统的测试主要采用两种方式：基于命令行的测试，基于 Web 网页的测试。①基于命令行的测试方法：hadoop dfsadmin -report；②基于 Web 网页的测试：

http://master:50070;http://master:50030。

云网盘系统测试主要采用两种途径：基于开源网盘软件的测试（如 PHPDISK；MyHDFSWeb 等），基于自主研发的云网盘软件的测试。

5.4.2　测试过程及结果

以下分别测试云存储原型系统、云网盘软件等的系统性能及基本功能。

（1）在 IE 浏览器中访问云存储原型系统的测试情况。

通过 NameNode 网络接口地址查看存储集群运行情况：http://master：50070 或 http://172.16.41.21:50070/，如图 5-2 所示。

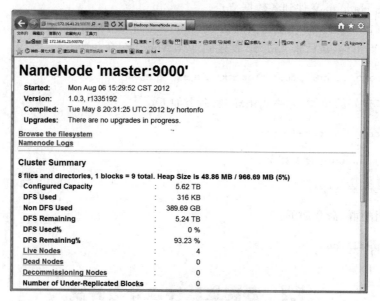

图 5-2　访问云存储原型系统

（2）访问云存储日志：http://172.16.41.21:50070/logs/，如图 5-3 所示。

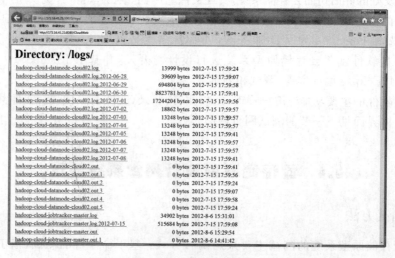

图 5-3　访问云存储日志

（3）查看 MapReduce 运行情况

通过 JobTracker 网络接口地址 http://master:50030 或 http://172.16.41.21:50030 可查看 MapReduce 的运行情况，如图 5-4 所示。

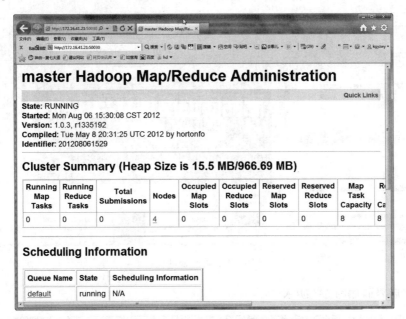

图 5-4　查看 MapReduce 的运行情况

5.4.3　访问云网盘

打开网址 http://172.16.41.21:8080，如图 5-5 所示。

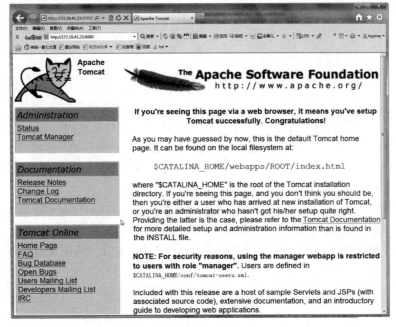

图 5-5　Apache 官网

打开网址 http://172.16.41.21:8080/CloudWeb，访问云网盘，如图 5-6 所示。

图 5-6　访问云网盘

登录之后界面如图 5-7 所示。

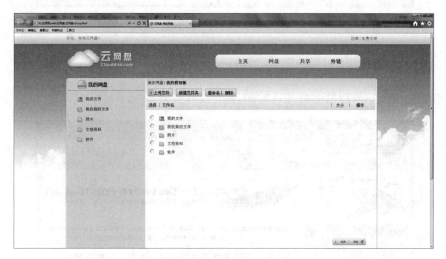

图 5-7　登录后界面

本章小结

本章介绍了基于 Hadoop 的云存储集群系统的构建方法、过程；以及基于该集群的云网盘设计与开发方法。

第 6 章

云存储原型系统扩展方案

内容提要

（1）存储节点扩展准备；

（2）动态增加存储节点；

（3）动态删除存储节点。

目　标

掌握云存储原型系统扩展方法。

重　点

基于 Hadoop 构建云存储集群扩展方法。

难　点

动态增加存储节点方法。

6.1　存储节点扩展准备

首先需要在物理机或虚拟机上安装 Linux 系统，Ubuntu 与 Centos 都可，然后搭建 JDK、ssh、Hadoop 环境。

6.2　动态增加存储节点

（1）在/conf/slaves 文件中加入节点的 hostname。

（2）在每个节点的 hosts 文件中加入新节点的 IP 与 hostname 对照表。

（3）在新节点的机器上执行命令：

```
/bin/hadoop-daemon.sh start datanode
/bin/hadoop-daemon.sh start tasktracker
```

6.3 动态删除存储节点

(1) 在 master 的 conf/hdfs-site.xml 中加入

```
<property><name>dfs.hosts.exclude</name><value>excludes</value></property>
```

(2) 在 $ HADOOP_HOME 下创建 exclueds 文件。

(3) 文件内容增加用户删除的节点，一行一个。

(4) /bin/hadoop dfsadmin -refreshNodes 命令刷新 datanode 列表。

(5) /bin/hadoop dfsadmin -report 查看结果。

本章小结

本章介绍了基于 Hadoop 的云存储集群系统的云存储原型系统扩展方案。

云存储软件系统中 Web 与 Hadoop 集群的挂接

内容提要

（1）挂接条件与设置；

（2）挂接步骤；

（3）基于 Hadoop 集群的文件上传代码模块。

目　标

掌握 Web 与 Hadoop 集群的挂接方法。

重　点

Web 与 Hadoop 集群的挂接方法。

难　点

Web 与 Hadoop 集群的挂接方法。

7.1　挂接条件与设置

云存储软件系统 Web 与 Hadoop 的 HDFS 挂接首先需要引入开发包 hadoop-core-1.0.1.jar、commons-lang-2.4.jar、commons-logging-1.1.1.jar，这样就可以进行对 HDFS 文件系统的操作。

7.2　挂接步骤

云存储软件系统挂接步骤首先确认 Web 上传上来的文件路径，接着将文件路径传递到操作 HDFS 文件系统的模块进行文件上传。

7.3　基于 Hadoop 集群的文件上传代码模块

```java
public void UpLoadFile(String srcPath, String dstPath) {
    try {
        Configuration conf=new Configuration();
        FileSystem src=FileSystem.getLocal(conf);        //读取配置文件
        FileSystem dst=FileSystem.get(conf);
        Path srcpath=new Path(srcPath);                  //设置文件路径
        Path dstpath=new Path(dstPath);
        FileUtil.copy(src, srcpath, dst, dstpath, false, conf);
                                                //上传文件到 HDFS 文件系统
    } catch (Exception e) {
        e.printStackTrace();
        return false;                                    //失败
    }

    return true;                                         //成功
}
```

7.4　基于 Hadoop 集群的文件下载代码模块

```java
public void doGet(HttpServletRequest req, HttpServletResponse res) throws Serv-
letException, IOException{
    PrintWriter out=res.getWriter();
    java.util.Date date=new java.util.Date();
    res.setDateHeader("Expires",date.getTime()+1000 * 60 * 60 * 24);
    String path=req.getPathInfo();
    path=path.substring(1,path.length());
    HadoopFileUtil hUtil=new HadoopFileUtil();
    FSDataInputStream inputStream=hUtil.getInputStream(path);
    OutputStream os=res.getOutputStream();
    byte[] buffer=new byte[400];
    int length=0;
    while((length=inputStream.read(buffer))>0){
        os.write(buffer,0,length);
    }
    os.flush();
    os.close();
    inputStream.close();
}
```

7.5　基于 Hadoop 集群的网盘实现步骤

　　云存储软件系统基于 Hadoop 集群的开发步骤首先选择硬件机型,然后根据第 6 章的 Hadoop 集群搭建方法,将 Hadoop 集群搭建到机器上,最后将 Web 与 Hadoop 集群挂接起来使用。

主要实现步骤如下。

（1）构建 Hadoop 集群。

（2）部署 MySQL 数据库服务器和 Tomcat 服务器软件。

（3）部署网盘 Web 网站。

（4）发布 Web 网站地址，提供用户访问。

本章小结

本章介绍了基于 Hadoop 的云存储集群系统的云存储原型系统中的云存储软件系统中 Web 与 Hadoop 集群的挂接。

第 8 章

基于 NoSQL 数据库 Cassandra 的应用开发

内容提要

(1) 云数据库；

(2) Cassandra 简介；

(3) Cassandra 的安装；

(4) Cassandra 的测试；

(5) 基于 Cassandra 的应用开发。

目　　标

掌握基于 NoSQL 数据库 Cassandra 的应用开发方法。

重　　点

基于 NoSQL 数据库 Cassandra 的应用开发方法。

难　　点

基于 NoSQL 数据库 Cassandra 的应用开发方法。

8.1　云数据库

继 Twitter 之后，社交新闻网站 Digg 决定跟 MySQL 说再见，并替换掉它的大部分基础设施组成，Digg 将从 LAMP(Linux、Apache、MySQL 和 Perl/PHP/Python)架构迁移到基于 Cassandra 的 NoSQL 架构。Digg、Twitter、Google、微软等公司已经开始研究NoSQL，并在一些项目中实施。Amazon. com 的首席技术官 Werner Vogels 将他们的重要的Dynamo 系统称作"高可用性的键值商店"。Google 将自己的 BigTable 称作"管理结构化数据的分布式存储系统"，在 51CTO. com 之前的外电《云服务颠覆开发传统观念》中曾提到，Google 的 Big Table 不是 SQL 数据库，原因是 SQL 数据库支持的一些功能实在难以进行分割，这与跨机器存储数据的想法无法结合。

8.1.1　关系数据库

使用传统关系型数据库(如 MySQL、SQL Server、Oracle 数据库)作为数据存储、管理方式的各类应用，包括各种 C/S 应用、网站以及移动应用等。

8.1.2 分布式存储

用于处理海量、分布式数据的应用场景,例如海量日志数据的采集与存储,大规模用户行为数据的存储与分析以及分布式文件存储等。

8.1.3 基于内存的 K/V 存储

内存型 Key-Value 数据库,提供了分布式的、快速的简单数据结构存储方式,适用于对大规模、分布式 Key-Value 数据要求极高访问频率的各类应用,如大型实时游戏或社交应用的数据存储以及文件数据缓存等。

BigTable 与其姐妹技术 MapReduce 相结合,每天可以处理多达 20PB 的数据。

云数据库即 CloudDB,或者简称为"云库"。它把各种关系型数据库看成一系列简单的二维表,并基于简化版本的 SQL 或访问对象进行操作。传统关系型数据库通过提交一个有效的链接字符串即可加入云数据库。云数据库解决了数据集中与共享的问题,剩下的是前端设计、应用逻辑和各种应用层开发资源的问题。使用云数据库的用户不能控制运行着原始数据库的机器,也不必了解它身在何处。

2012 年,数据泛滥的一年,各种结构和非结构化数据呈爆发性增长。Network World 在 10 *of the most useful cloud databases* 文章中盘点了 2012 年度 10 个最有用的云数据库,比如,AWS、EnterpriseDB、Garantia Data、Google Cloud SQL、Azure、MongoLab、SAP、Xeround、Rackspace、StormDB。

IDC 预言大数据将按照 60% 每年的比率增加结构化以及非结构化数据。各个行业需要为这些新增的数据做好充足的准备,而在之前传统数据库一直是这个问题的答案。然而通过云技术,供应商推出了更多的方式在公有云中托管这些数据库,云服务供应商提供了一系列服务让用户轻松完成数据库的扩展,将用户从烦琐的数据库硬件定制中释放出来。大数据研究公司 Wikibon 的专家 Jeff Kelly 说道:"鉴于大数据的发展趋势,这是个非常巨大的市场。云端将是大数据前进的最终归宿。"

在 DBaaS 中仍然存在着问题,特别是围绕着高度机密信息的云存储以及各种原因引起云中断。但是云数据库和工具这个新兴市场明显在加速。这里 Network World 将把目光专注于 10 个云数据库工具。其中有一些与传统供应商有着直接关系,SQL 或者 NoSQL 数据库,还有一些其他的各种各样开源数据库。这里列出的 10 个云数据库不可能面面俱到,比如一些大型数据库公司 Orcale、HP 以及 EMC/VMware 也必然完成了自己的云数据库以及针对这些工具的计划。

1. Amazon Web Services

Amazon Web Services 上可以使用多种基于云端的数据库,有关系型的也有非关系型的。Amazon Relational Database(RDS)上可以运行 MySQL、Oracle 以及 SQL Server 等多种实例,而 Amazon SimpleDB 更是个专为小型用户设计的弱数据结构模型数据库。在 NoSQL 方面,Amazon DynamoDB 更采用了 SSD 方案,并且自动地将工作复制到 3 个以上的可用空间。Wemer Vogles-AWS CTO 更透露说,DynamoDB 是 AWS 史上增速最快的服务;Aamazon 还发布了一些数据管理服务,比如新发布的数据仓库 Redshift 以及 Data Pipeline(用于管理多来源数据)。

2. EnterpriseDB

EnterpriseDB 专注于开源的 PostgreSQL 数据库,但是它赖以成名的却是 Oracle 数据库应用程序上的实力。通过 Postgres Plus Advance Server,用户可以使用 EnterpriseDB 为本地 Orcale 数据库编写的应用程序。EnterpriseDB 已同时实现对 HP 和 AWS 的支持。EnterpriseDB 还同时具备了二进制复制及周期性备份。

3. Garantia Data

Garantia 为用户提供了一个网关服务,通过这个服务用户可以在 AWS 公有云内存中运行开源的 Redis 和 Memcached 非关系数据库服务。使用 Garantia 的软件可以帮助开发者为这些开源数据平台自动的扩展节点,创建集群以及容错模型。

4. Google Cloud SQL

Google 的云数据库服务主要出台了两个产品:Google Cloud SQL 和 Google BigQuery。Google Cloud SQL 被 Google 打造成一个类 MySQL 的完全关系型数据库基础设施,而 Google BigQuery 则被塑造成在 Google 云基础设施上运行大数据集查询的分析工具。

5. Microsoft Azure

微软使用其 SQL Server 技术提供一个关系型数据库,允许用户直接访问云中 SQL 数据库或者在虚拟主机中托管 SQL 服务器实例。微软同时还强调混合型数据库,使用 SQL Data Sync 整合了用户本地及 Azure 云上的数据。微软同样有个基于云的 NoSQL 数据库——Tables,Blobs 文件(二进制对象存储)——专门为媒体文件(视频、音频)做了优化。

6. MongoLab

在 NoSQL 世界中,有各种各样的数据库平台可以选择,包括 MongoDB。MongoDB 允许用户使用多个云供应商提供的服务访问数据库,包括 AWS、Azure 和 Joyent。就像其他的网关类型服务,MongoLab 同样在应用层整合了多种 PaaS 工具。MongoLab 既可以在共享的环境中访问,也可以在专用的环境中访问,而后者的开销通常比前者来的大。

7. Rackspace

Rackspace 通过 Cloud Databases 实现了数据库云端访问以及托管双类型。Rackspace 强调了 Cloud Databases 的 container-based 虚拟化,该公司指出这将赋予数据库服务远甚于基于纯虚拟化基础设施的性能。Cloud Databases 还整合了 SAN 网络存储——基于 OpenStack 平台。2012 年 12 月 Rackspace 还在云端发布了一个来自 Cloudant 的基于 NoSQL 的数据库服务(DBaaS)。具体可查看 http://www.rackspace.com。

8. SAP

企业软件巨头 SAP 通过 HANA 踏上了云端,一个建立在内存技术上的平台。HANA 中的云数据库还补充了该公司其他的本地数据库工具(比如 Sybase),现在只支持 AWS 公有云中使用。HANA 同时还包括了其他非数据库应用,包括了商业管理工具和应用程序开发工具。具体可查看 http://www54.sap.com/solutions/tech/cloud.html。

9. StormDB

不同于其他的云数据库,StormDB 是在实体服务器中运行其分布的关系型数据库,这就意味着没有虚拟主机的存在。StormDB 官员指出这样可以带来更好的性能及更简易的管理,因为用户不需要去给他们的数据库选择虚拟主机的大小。然而即使使用的是实体服务器,用户还是在共享使用集群中的服务器,虽然 StormDB 承诺所有用户的数据库都是独立的。StormDB 同样在云中对数据库进行自动分片,该公司正在运行一个免费的测试版。进一步可查看 http://www.stormdb.com/。

10. Xeround

Xeround 是个可以横跨多个云供应商及平台去部署可扩展 MySQL 数据库的管理工具。Xeround 提供了很高的可靠性和扩展性,可以横跨多个云供应商工作(例如,AWS、Rackspace、Joyent、HP 以及 OpenStack 和 Citrix 平台)。可参考 http://xeround.com/mysql-cloud-db-overview/查看具体信息。

8.2　Cassandra 简介

Cassandra 是一个高可靠的大规模分布式存储系统,是高度可伸缩的、一致的、分布式的结构化 Key-Value 存储方案。2007 年由 Facebook 开发,2009 年成为 Apache 的孵化项目。

Cassandra 具有以下特点。

(1) 列表数据结构:可将超级列添加到五维的分布式 Key-Value 存储系统。

(2) 模式灵活:可在系统运行时随意添加或移除字段。

(3) 高可扩展性:水平扩展,可动态给集群增加容量,动态添加节点。

(4) 多数据中心识别:一个备用的数据中心将至少有每条记录的完全复制。

(5) 范围查询:可设置键的范围来查询。

(6) 分布式写操作:无单点失败,可在任何地方任何时间集中读或写任何数据。

Cassandra 具有 5 种数据模型:Column、SuperColumn、ColumnFamily、Keyspaces 和 Row。

8.3　Cassandra 的安装

从 Apache Cassandra 网站下载最新版 Cassandra,根据说明文档进行安装即可。

8.4　Cassandra 的测试

1. Keyspaces

Keyspaces 是 Cassandra 中最顶层的命名空间。在未来版本的 Cassandra 中,将可以动态创建 Keyspace,正如在 RDBMS 中创建数据库一样,但是对于 0.6 和以前的版本,这些都在主配置文件中定义,如:

```
<Keyspaces>
    <Keyspace Name="Twissandra">
    ...
    </Keyspace>
</Keyspaces>
```

2. Column Families

对于每个 Keyspace,都可以有一个或多个列族,列族是用于关联类型相近的记录的命

名空间。Cassandra 在写操作时,在一个列族内部允许有记录级的原子性,对它们进行查询非常高效。这些特性十分重要,在进行数据建模前必须记牢,会在下面讨论到。

和 Keyspace 类似,列族也在主配置文件中定义,虽然在将来的版本中可以在运行时创建列族,正像在 RDBMS 中创建表一样。

```
<Keyspaces>
<Keyspace Name="Twissandra">
    <ColumnFamily CompareWith="UTF8Type" Name="User"/>
    <ColumnFamily CompareWith="BytesType" Name="Username"/>
    <ColumnFamily CompareWith="BytesType" Name="Friends"/>
    <ColumnFamily CompareWith="BytesType" Name="Followers"/>
    <ColumnFamily CompareWith="UTF8Type" Name="Tweet"/>
    <ColumnFamily CompareWith="LongType" Name="Userline"/>
    <ColumnFamily CompareWith="LongType" Name="Timeline"/>
    </Keyspace>
</Keyspaces>
```

8.5 基于 Cassandra 的应用开发

将关系数据库(如 Oracle 等)中的数据导入 Cassandra 进行处理。需设计一个合理的数据模型,然后使用 Cassandra API 进行交互。

Cassandra 在设计时即支持 Thrift,因此可以使用多种语言进行开发。对于 Cassandra 的开发本身而言,使用 Thrift 的好处是支持多语言,坏处则是 Thrift Java API 功能过于简单,不具备在生产环境使用的条件。

在 Cassandra Wiki 页面上,有基于 Thrift API 开发的更加高级的 API,各个语言都有,具体信息可参考 http://wiki.apache.org/cassandra/ClientOptions。

下面主要介绍 Cassandra 支持的两类 Java 客户端:Thrift Java API 和 Hector。

8.5.1 Thrift Java API

这是 Cassandra 自带的最简单的一类 API,在 apache-cassandra-0.5.1.jar 中已包含,可以直接使用。也可自己安装一个 Thrift,然后通过 Cassandra.Thrift 文件自动生成。

若要使用 Cassandra,那么必须要了解 Thrift Java API,因为所有的其他更加高级的 API 都是基于这个来包装的。

1. 插入数据

插入数据需要指定 keyspace、ColumnFamily、Column、Key、Value、timestamp 和数据同步级别(如何需要了 Cassandra 的解数据模型,可以参考《大话 Cassandra 数据模型》)。

```
/***Insert a Column consisting of (column_path. column, value, timestamp)
    at the given column_path.column_family and optional
* column_path.super_column. Note that column_path. column is here required,
    since a SuperColumn cannot directly contain binary
* values --it can only contain sub-Columns.
*
* @param keyspace
```

```
* @param key
* @param column_path
* @param value
* @param timestamp
* @param consistency_level
* /public void insert(String keyspace, String key, ColumnPath column_path, byte
  [8 * ] value, long timestamp, int consistency_level) throws InvalidRequest-
  Exception, UnavailableException, TimedOutException, TException;
/***Insert Columns or SuperColumns across different Column Families for the same
   row key. batch_mutation is a
* map< string, list< ColumnOrSuperColumn>> - - a map which pairs column family
  names with the relevant ColumnOrSuperColumn
* objects to insert.
*
* @param keyspace
* @param key
* @param cfmap
* @param consistency_level
* /public void batch_insert(String keyspace, String key, Map<String,List<Colum-
  nOrSuperColumn>> cfmap, int consistency_level) throws InvalidRequestExcep-
  tion, UnavailableException
```

2. 读取数据

获取一个查询条件精确的值。

```
/***Get the Column or SuperColumn at the given column_path. If no value is present,
   NotFoundException is thrown. (This is
    * the only method that can throw an exception under non-failure conditions.)
* * @param keyspace
* @param key
* @param column_path
* @param consistency_level
* /public ColumnOrSuperColumn get(String keyspace, String key, ColumnPath column
  _path,
   int consistency_level) throws InvalidRequestException, NotFoundException,
   UnavailableException, TimedOutException, TException;
/***Perform a get for column_path in parallel on the given list<string>keys. The
   return value maps keys to the
* ColumnOrSuperColumn found. If no value corresponding to a key is present, the
  key will still be in the map, but both
* the column and super_column references of the ColumnOrSuperColumn object it
  maps to will be null.
* * @param keyspace
* @param keys * @param column_path
* @param consistency_level
* /public Map<String,ColumnOrSuperColumn>multiget(String keyspace, List<String
  >keys,
   ColumnPath column_path, int consistency_level) throws InvalidRequestException
```

获取某一个 keyspace、Key、ColumnFamily、SuperColumn（如果有需要指定）下面的相关数据，只查询 Column 的 name 符合条件的相关数据（SlicePredicate）。

```
/***Get the group of columns contained by column_parent (either a ColumnFamily
    name or a ColumnFamily/SuperColumn name
* pair) specified by the given SlicePredicate. If no matching values are found, an
   empty list is returned.
* * @param keyspace
* @param key
* @param column_parent
* @param predicate
* @param consistency_level
* /public List < ColumnOrSuperColumn > get_slice (String keyspace, String key,
   ColumnParent column_parent, SlicePredicate predicate,
   int consistency_level) throws InvalidRequestException, UnavailableException,
   TimedOutException, TException; /*
* * Performs a get_slice for column_parent and predicate for the given keys in par-
   allel.
*
* @param keyspace
* @param keys
* @param column_parent
* @param predicate
* @param consistency_level
* /public Map< String, List < ColumnOrSuperColumn > > multiget_slice (String key-
   space, List<String>keys, ColumnParent column_parent,
    SlicePredicate predicate, int consistency_level) throws InvalidRequestExcep-
   tion, UnavailableException, TimedOutException, TException;
```

查询 Key 的取值范围(使用这个功能需要使用 order-preserving partitioner)。

```
/***@deprecated; use get_range_slice instead
*
* @param keyspace
* @param column_family
* @param start
* @param finish
* @param count
* @param consistency_level
* /public List<String>get_key_range(String keyspace, String column_family,
   String start, String finish, int count, int consistency_level)
    throws  InvalidRequestException,  UnavailableException,  TimedOutException,
   TException; /*
*
* returns a subset of columns for a range of keys.
*
* @param keyspace
* @param column_parent
* @param predicate
* @param start_key
* @param finish_key
* @param row_count
* @param consistency_level
```

```
* /public List< KeySlice > get_range_slice (String keyspace, ColumnParent column_
  parent,
  SlicePredicate predicate, String start_key, String finish_key, int row_count
```

查询系统的信息。

```
/ * *
* get property whose value is of type string.
*
* @ param property
* /public String get_string_property (String property) throws TException; / *
*
* get property whose value is list of strings.
*
* @ param property * / public List< String > get_string_list_property (String prop-
  erty) throws TException; / *
*
* describe specified keyspace
*
* @ param keyspace
* /public Map< String,Map< String, String >>describe_keyspace (String keyspace)
  throws NotFoundException, TException;
```

通过这些操作，可以了解到系统的信息。其中一个比较有意义的查询信息是 token map，通过这个用户可以知道哪些 Cassandra Service 是可以提供服务的。

3. 删除数据

```
/ * *
* Remove data from the row specified by key at the granularity specified by column
  _path,
  and the given timestamp. Note
* that all the values in column_path besides column_path.column_family are truly
  optional: you can remove the entire
* row by just specifying the ColumnFamily, or you can remove a SuperColumn
  or a single Column by specifying those levels too.
*
* @ param keyspace
* @ param key
* @ param column_path
* @ param timestamp
* @ param consistency_level
* /public void remove (String keyspace, String key, ColumnPath column_path,
  long timestamp, int consistency _ level ) throws InvalidRequestException,
  UnavailableException
```

这里需要注意的是，由于一致性的问题，这里的删除操作不会立即删除所有机器上的该数据，但是最终会一致。

4. 基于 Thrift API 的程序范例

```
import java.util.List;
```

```
import java.io.UnsupportedEncodingException;
import org.apache.thrift.transport.TTransport;
import org.apache.thrift.transport.TSocket;
import org.apache.thrift.protocol.TProtocol;
import org.apache.thrift.protocol.TBinaryProtocol;
import org.apache.thrift.TException;
import org.apache.cassandra.service.*;
public class CClient{
  public static void main(String[8*] args)
  throws TException, InvalidRequestException,
  UnavailableException, UnsupportedEncodingException, NotFoundException
  {
    TTransport tr=new TSocket("localhost", 9160);
    TProtocol proto=new TBinaryProtocol(tr);
    Cassandra.Client client=new Cassandra.Client(proto);
    tr.open();
    String key_user_id="程序员的世界";
    // insert data
    long timestamp=System.currentTimeMillis();
    client.insert("Keyspace1", key_user_id,
    new ColumnPath("Standard1", null, "网址".getBytes("UTF-8")),
    "http://gpcuster.cnblogs.com".getBytes("UTF-8"), timestamp,ConsistencyLevel.ONE);
    client.insert("Keyspace1", key_user_id,
    new ColumnPath("Standard1", null, "作者".getBytes("UTF-8")),
    "程序员".getBytes("UTF-8"), timestamp, ConsistencyLevel.ONE);
    // read single column
    ColumnPath path=new ColumnPath("Standard1", null, "name".getBytes("UTF-8"));
    System.out.println(client.get("Keyspace1", key_user_id, path, Consisten-
    cyLevel.ONE));
    // read entire row
    SlicePredicate predicate=new SlicePredicate(null, new SliceRange(new byte
    [8*0], new byte[8*0], false, 10));
    ColumnParent parent=new ColumnParent("Standard1", null);
    List<ColumnOrSuperColumn> results=client.get_slice("Keyspace1", key_user_
    id, parent, predicate, ConsistencyLevel.ONE);
    for (ColumnOrSuperColumn result : results)
    {
      Column column=result.column;
      System.out.println(new String(column.name, "UTF-8")+" -> "+new String
      (column.value, "UTF-8"));
    }
    tr.close();
  }
}
```

5. 优点与缺点

优点：简单高效。

缺点：功能简单，无法提供连接池、错误处理等功能，不适合直接在生产环境使用。

8.5.2　Hector

Hector 是基于 Thrift Java API 包装的一个 Java 客户端，提供一个更加高级的一个抽象。

1. 基于 Hector 的程序范例

```
package me.prettyprint.cassandra.service;
import static me.prettyprint.cassandra.utils.StringUtils.bytes;
import static me.prettyprint.cassandra.utils.StringUtils.string;
import org.apache.cassandra.service.Column;
import org.apache.cassandra.service.ColumnPath;
public class ExampleClient {
    public static void main (String [8 * ] args ) throws IllegalStateException,
    PoolExhaustedException,
    Exception {
        CassandraClientPool pool = CassandraClientPoolFactory.INSTANCE.get ();
        CassandraClient client=pool.borrowClient("localhost", 9160);
        // A load balanced version would look like this:
        // CassandraClient client = pool.borrowClient (new String [8 * ] {"cas1:
9160", "cas2:9160", "cas3:9160"});
        try {
            Keyspace keyspace=client.getKeyspace("Keyspace1");
            ColumnPath columnPath = new ColumnPath ("Standard1", null, bytes ("网
址"));
            // insert
            keyspace.insert("程序员的世界", columnPath, bytes ("http://gpcuster.
cnblogs.com"));
            // read
            Column col=keyspace.getColumn("程序员的世界", columnPath);  System.
out.println("Read from cassandra: "+string(col.getValue()));
        }
        finally {
            // return client to pool. do it in a finally block to make sure it's
executed
            pool.releaseClient(client);
        }
    }
}
```

2. 优点

Cassandra 数据库具有如下优点。

（1）提供连接池。

（2）提供错误处理：当操作失败时，Hector 会根据系统信息（token map）自动连接另一个 Cassandra Service。

（3）编程接口容易使用。

（4）支持 JMX。

3. 缺点

Cassandra 数据库具有如下缺点。

（1）不支持多线程的环境。

（2）keyspace 封装过多（数据校验和数据重新封装），如果进行大量的数据操作，这里的消耗需要考虑。

（3）错误处理不够人性化：如果所有的 Cassandra Service 都非常繁忙，那么经过多次操作失败后，最终的结果失败。

本章小结

本章主要介绍了基于 Cassandra 的安装、测试与应用开发方法。

基于 PaaS 云平台的应用开发

（1）公共云平台介绍；

（2）基于 Google App Engine 的应用开发；

（3）基于微软云平台的应用开发；

（4）基于新浪云平台的应用开发。

目　标

了解公共云平台的特点和基于业界主流云平台的应用开发方法，通过具体案例学习基于公共云平台的开发过程，掌握基于公共云平台的开发技术与方法。

重　点

基于 Google App Engine 的应用开发，基于新浪云平台的应用开发。

难　点

基于公共云平台应用开发过程。

私有云计算系统一般为企业内部提供服务，企业为外部或公共提供的应用往往需要通过因特网访问借助公共云计算环境部署。公共云计算是面向所有因特网用户，在其上运行的应用可通过因特网浏览器或移动终端访问。

9.1　公共云平台介绍

Google、Amazon、Microsoft 等软件厂商，新浪、搜狐、百度等互联网服务商都开发出了各自的公共云计算平台。因特网数据中心（Internet Data Center，IDC）是因特网内容提供商（Internet Content Provider，ICP）为提高用户访问速度建立的。传统 IDC 主要基于计算资源租赁服务，如主机托管、虚拟主机或数据存储、系统备份、网络管理及其他运行支撑服务，IDC 一直提供相当于云计算层面的 IaaS 服务，但 IDC 存在服务类似、产品同质化、缺乏创新等弱点。云计算技术可将 IDC 的计算资源租赁与通用软件等整合，使 IDC 厂商能提供一体化解决方案。同时，Google、Amazon、Microsoft、Sina 等厂商开始进军 IDC 领域。

9.2 基于 Google App Engine 的应用开发

Google App Engine 是 Google 针对网络应用程序推出的云计算平台,目前支持 Java 和 Python 语言。提供开发接口给用户,并可利用 Google 的基础架构运行应用程序。针对网络安全问题,Google App Engine 将应用程序放在沙盒(Sand Box)中运行,提供对基础操作系统的有限访问。

1. 注册 Google App Engine 账户

若在本地执行用 GAE SDK 创建的应用,则不需注册账户。为在 GAE 上创建和执行应用,需注册 GAE 账户。在 https://appengine.google.com/上注册 GAE 账号。然后,使用该 Google 账号登录,根据页面提示创建一个新应用,并要求输入手机号码以验证。GAE 默认提供免费计算资源限额,超额部分可根据用户确认按实际使用收费。若本月配额用光,则暂停使用。

2. 安装 Google App Engine SDK

GAE 支持 Eclipse,在安装 Eclipse 的同时,可安装集成开发环境插件及 GAE SDK。GAE 目前只支持 Eclipse 3.3 与 3.4,单击 Help/Software Updates/Available Software/Add site,输入插件地址 http://dl.google.com/eclipse/plugin/3.4,单击 Install 按钮安装。安装 Eclipse 插件后,在 Eclipse 工具栏上可看到 Google App Engine 图标。

安装 Eclipse 插件后,可运行 Google App Engine 自带的例子,在 Eclipse 安装目录 \plugins\com.google.appengine.eclipse.sdkbundle_Version\下,在命令行执行以下命令:

```
Appengine-java-sdk-1.4.3\bin\dev_appserver.cmd appengine-java-sdk-1.4.3\demos
\guestbook\war
```

由此将启动本地一个示例应用,通过网址 http://localhost:8080/可访问。

3. 使用 Eclipse 集成开发环境

在 Eclipse 工具栏上单击新建 Google App Engine 按钮,进入 GAE 项目创建向导,输入 Project Name(项目名称)为 HelloAppEngine,Package Name(Java 代码包名)为 com.cloud.skater。使用 Google Web Toolkit 开发包,单击 Finish 按钮创建完成。新建的 GAE 项目中,使用了 Java EE 项目的文件结构,其中包含 Java Servlet 文件 HelloAppEngine-Servlet.java,Web 应用首页面 index.html 和配置文件 Web.xml。

通过右击 HellpAppEngine 项目/Run As/Web Application 来运行应用程序。在浏览器中输入 http://localhost:8888/,可以看到运行界面。

4. 基于 Google App Engine SDK 应用开发

GAE 基于 Google 的基础架构提供了很多有用的服务,可用 SDK 附带的编程结构调用这些服务,如 Google 用户服务、数据库服务、网页抓取服务等。

案例:使用 App Engine SDK 提供的部分服务来开发一个留言本应用程序。

5. 将应用部署到 Google App Engine 中

在 Eclipse 开发环境中,用户可以将本地开发的 App Engine 应用程序部署到 GAE 环境中,输入注册的电子邮箱地址和密码,即可上传应用。登录到 GAE 管理界面,输入应用标识符（Application ID）。部署成功后，可通过地址 http://skaterguesatbook. appspot.
com/直接访问刚部署的应用。

9.3 基于微软云平台的应用开发

Microsoft Azure(最初名为 Windows Azure)是微软基于云计算的操作系统，其主要目
的是为开发者提供一个平台，以开发可运行在云服务器、数据中心、Web 和 PC 上的应用
程序。

一般是由 Azure、SQL Azure、Azure AppFabric 结合应用。具体可参考微软官网提供
的相关文档进行设计开发。

9.4 基于新浪云平台的应用开发

Sina App Engine(简称 SAE)是新浪研发中心推出的国内首个公有云计算平台，支持
PHP、MySQL、Memcached、Mail、TaskQueue、RDC(关系型数据库集群)等服务，并为开发
者提供了平台。网址为 http://sae. sina. com. cn/。

新浪云计算是新浪研发中心下属的部门，主要负责新浪在云计算领域的战略规划、技术
研发和平台运营工作。

新浪云对外的主要产品包括应用云平台 Sina App Engine(简称 SAE)、SAE 企业云服
务、MAE 私有云解决方案、云商店等多种云计算服务，全面覆盖了 IaaS、PaaS、SaaS 层的各
种需求。

SAE 项目于 2009 年 8 月立项，同年 11 月发布 Alpha 版，是国内第一个 PaaS 云计算平
台。SAE 致力于提供简单高效的应用云服务。目前新浪云计算平台已经汇聚数十万开发
者用户，成功运行着近百万应用。

目前，新浪云计算已经为大量互联网、移动互联网、Web 2.0、媒体、金融、政府以及游戏
等领域的知名企业提供了全方位的解决方案与服务。

开发者可以访问上述平台，进行注册，登录，如图 9-1 所示。

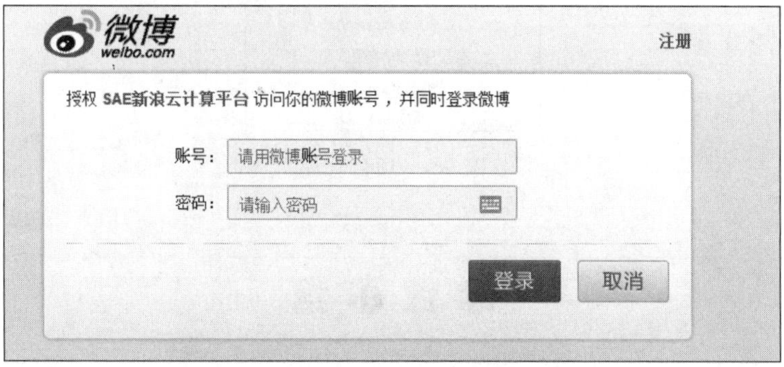

图 9-1 注册登录界面

登录后，开发者可创建应用，如图 9-2 所示。

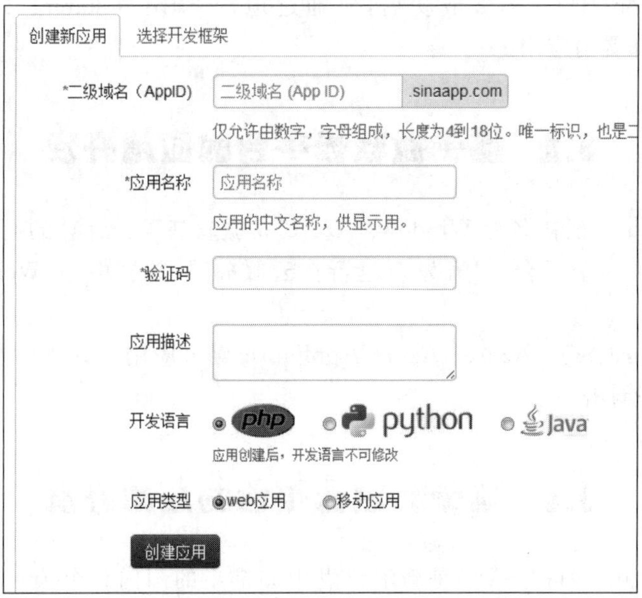

图 9-2 创建应用

创建后,开发者可进行对项目的管理,如图 9-3 所示。

图 9-3 项目管理

本 章 小 结

本章介绍了基于 PaaS 云平台的应用开发,重点介绍了基于谷歌 GAE、新浪 SAE 的应用开发方法。

第10章

基于阿里云的 SaaS 云表软件设计与开发

内容提要

（1）阿里云；
（2）在阿里云部署云表平台；
（3）基于 SaaS 的云表企业应用平台开发。

目　　标

掌握基于阿里云的 SaaS 云表软件设计与开发方法。

重　　点

在阿里云部署云表平台、基于 SaaS 的云表企业应用平台开发。

难　　点

基于 SaaS 的云表企业应用平台开发方法。

10.1 阿　里　云

阿里云（全称"阿里云计算有限公司"），致力于打造云计算的基础服务平台，注重为中小企业提供大规模、低成本、高可靠的云计算应用与服务。其自主研发的公共云计算平台"飞天开放平台"于 2011 年 7 月 8 日正式上线，并基于飞天平台为核心推出包括弹性计算服务、开放存储服务、关系型数据库服务、开放结构化数据服务等一系列服务和产品。

10.1.1　云计算的类型

关于云计算，业界通常按照提供的服务类型将其划分为以下三个层次。

（1）基础设施即服务（Infrastructure-as-a-Servcie，IaaS）

为用户提供了所有的基础设施，包括处理、存储、网络和其他基本的计算资源，用户能够部署和运行包括操作系统和应用程序在内的任意软件。这样，用户可以控制自己的软件环境，但又不用维护任何硬件设备。

IaaS 提供商通过虚拟化的技术允许用户运行任意的软件系统，把物理驱动器等硬件设备与用户运行的虚拟机分离开，为用户提供灵活、可定制的计算和存储资源。IaaS 的典型

例子是亚马逊的弹性计算云（Amazon Elastic Compute Cloud，EC2）。

（2）平台即服务（Platform-as-a-Service，PaaS）

PaaS 是云平台为应用程序提供云端运行的服务，一般由云服务提供应用程序所需的编程接口（API）和各种工具，客户使用这些 API 和工具开发自己的应用程序，然后放在云服务器上运行，例如 Google 的 AppEngine 和微软的 Windows Azure，国内有代表性的是乐图软件的云表企业应用平台（Eversheet）。

传统的互联网应用在软件开发完成以后，还需要购买或租赁服务器、部署运行环境、寻找托管环境、维护服务器和应用、监控服务器和应用的安全，还要考虑负载均衡、解决性能瓶颈和服务器扩展等诸多烦琐复杂的工作。PaaS 能够解决这些繁复的后续工作，减轻开发者的负担，使得开发者可以关注于应用软件的开发。同时，利用云计算提供的按需付费的方式，减少开发者在初期投入的成本。

（3）软件即服务（Saftware-as-a-Service，SaaS）

SaaS 是应用软件的一种销售、服务和使用的方式，客户按使用时间或使用量付费，而不再购买软件的所有权。SaaS 通常从云端通过互联网提供软件应用程序到用户浏览器，作为基于 Web 的应用程序运行。对于应用开发商来说，可以为大量用户提供同一版本的应用程序。传统企业管理软件向 SaaS 模式转变最关键一步是实现多租户的架构。Salesforce 公司提供的在线客户关系管理 CRM 服务是 SaaS 的一个典型例子。

在以上的三个层次中，IaaS 降低了服务器、计算和存储资源的获取门槛，PaaS 降低了开发者部署和维护应用的门槛，SaaS 则降低了用户使用软件的门槛。IaaS 改变了传统的计算和存储能力的提供模式，PaaS 和 SaaS 颠覆了传统的软件开发、使用和提供的模式，它们改变了人们获得 IT 资源的方式，将对未来 IT 产业的格局产生重大影响。

本章介绍的阿里云的飞天平台按照上述划分方式，大致属于 IaaS 和 PaaS 层。

10.1.2　飞天平台架构概览

整个飞天平台包括飞天内核和飞天开放服务两大部分。飞天内核为上层的飞天开放服务提供存储、计算和调度等方面的底层支持。

1. 飞天平台内核

飞天平台内核包含的模块可以分为以下几部分。

（1）分布式系统底层服务

提供分布式环境下所需的协调服务、远程过程调用、安全管理和资源管理的服务。这些底层服务为上层的分布式文件系统、任务调度等模块提供支持。

（2）分布式文件系统

提供一个海量的、可靠的、可扩展的数据存储服务，将集群中的各个节点的存储能力聚集起来，并能够自动屏蔽软硬件故障，为用户提供不间断的数据访问服务，支持增量扩容和数据的自动平衡，提供类似于 POSIX 的用户空间文件访问 API，支持随机读写和追加写的操作。

（3）任务调度

为集群系统中的任务提供调度服务，同时支持强调响应速度的在线服务和强调处理数据吞吐量的离线任务。

（4）集群监控和部署

对集群的状态和上层应用服务的运行状态和性能指标进行监控，对异常事件产生警报和记录。

2. 飞天开放服务

飞天开放服务包括弹性计算服务（ECS）、开放存储服务（OSS）、开放结构化数据服务（OTS）、关系型数据库服务（RDS）、开放数据处理服务（ODPS）等。

由于篇幅有限，本书将着重介绍阿里云的弹性计算服务、开放存储服务和关系型数据库服务，阿里云其他开放服务的相关介绍，请读者参见书后提供的相关参考资料或阿里云的官方网站。

（1）弹性计算服务

阿里云的弹性计算服务提供了一个根据需求动态运行虚拟服务器的环境。对于 ECS 提供的虚拟服务器，用户可以根据需要像对一台物理机器一样进行操作，包括安装操作系统、安装各种应用软件。用户可以根据需要，申请多台虚拟服务器来完成各种任务，在运行的过程中根据计算资源的需要动态地增加和减少虚拟服务器的数量。这些虚拟服务器在飞天系统中称为云服务器。

在数据中心机房里面，大量的计算节点和存储节点通过飞天内核将物理资源整合为一个整体，上层通过 XEN 虚拟化技术对外提供弹性计算服务。云服务器包含两个重要的模块：计算资源模块和存储资源模块。

云服务器的计算资源指 CPU、内存、带宽等资源，主要通过将物理服务器上的计算资源虚拟化，然后在分配给云服务器使用。一台云服务器的计算资源只能位于一台物理服务器上，当一台物理服务器上的资源耗尽时，系统将在其他物理服务器上创建云服务器，通过资源的 QoS，保证同一台物理服务器上不同云服务器间不会相互影响。

云服务器的存储资源采用了飞天内核中的大规模分布式文件系统，将整个集群中的存储资源虚拟化后对外提供服务。一台云服务器的数据通过分布式存储系统，在集群中存储三份副本，任意一份数据损坏后系统都可以通过自动复制恢复到三份副本。通过这种方式实现云服务器中数据的可靠性。

操作云服务器就像操作一台物理服务器一样，用户可以通过使用 SSH（Linux 操作系统）或者远程桌面（Windows 操作系统）远程登录并管理云服务器。

用户通过登录（http://www.aliyun.com）购买并创建云服务器，在登录阿里云服务之后，访问 http://buy.aliyun.com，选择具体的云服务器配置，云服务器目前提供多种硬件配置类型。

CPU：Xeon 2.26 GHz，1 核、2 核、4 核、8 核。

内存：512MB～32GB。

硬盘：10GB～2TB。

带宽：1M～200M。

支持开源的 Linux 操作系统，包括 Red Hat 64 位、Debian 64 位、Ubuntu 64 位、CentOS 32 位和 64 位，非开源操作系统提供正版的 Windows 2008 64 位操作系统，但需要购买授权。

在选择硬件配置、网络带宽、操作系统类型、数量和购买市场后，单击"下一步"按钮，系统显示配置确认页面,单击"确认订单"按钮,进入支付确认页面,单击"确认支付"按钮后,进入支付成功的页面。

最后,在管理控制台可以看到新购置的云服务器,用户登录密码将通过手机短信的形式发到用户手机上,这样就完成了云服务器的购买和开通的整个过程。

通过远程工具 SSH(Linux 操作系统)或者远程桌面(Windows 操作系统)登录到云服务器进行远程管理。

Linux 系统中的 SSH 服务提供了远程访问的 Shell,用户可以直接使用 SSH 工具,以 root 身份远程登录云服务器,root 的初始密码是在开通过程中,阿里云通过短信发送给用户的。

登录到远程云服务器后,用户就可以像操作本地服务器一样,安装各种软件环境,例如 Tomcat、JRE 等,再将本地开发的软件系统部署到云服务器上。用户就可以通过分配给云服务器的公网 IP 访问应用了。

(2) 开发存储服务

开发存储服务是阿里云对外提供的云存储服务。用户可以通过简单的 RESTful API 进行数据上传和下载,也可以使用 Web 页面对数据进行管理。

通过阿里云的开发存储服务,开发者可以轻松地在自己的应用中实现网盘功能。相关术语及概念介绍如下。

① Object。用户保存在 OSS 中的每一个文件,称为一个 Object。Object 包含 key、data 和 metadata。key 是 Object 的名字,长度必须介于 1~1 023B、采用 UTF-8 编码的字符串;data 是 Object 的数据,大小必须小于 5TB;metadata 是 Object 的描述,大小在 2KB 以内。

② Bucket。一个 Bucket 就相当于单机系统中的一块硬盘,其名称在整个 OSS 系统中具有全局唯一性,且不能修改。OSS 限制一个用户最多只能创建 10 个 Bucket。每个 Bucket 中可以存储任意数量的 Object。

③ 访问控制。OSS 目前提供 Bucket 级别的权限访问控制,有以下三种访问权限。

public-read-write:任何人都可以对该 Bucket 中的 Object 进行 Put、Get、Delete 操作。

public-read:只有该 Bucket 的创建者可以对该 Bucket 内的 Object 进行写操作,但任何人都可以进行读操作。

Private:只有该 Bucket 的创建者可以对该 Bucket 内的 Object 进行读写操作。

④ 外链规则。所有的 Object 都可以通过域名模式从外部直接访问,Bucket 作为子域名出现 URL 中,例如在一个名字为 myfile 的 Bucket 中,放了一个名为 image/bg.jpg 的 Object,那么这个 Object 从外部访问的 URL 如下:

http://myfile.oss.aliyuncs.com/image/bg.jpg

⑤ 编程接口。OSS 服务提供了基于 RESTful 协议的编程接口,使用了 5 种 HTTP 方法:GET、HEAD、PUT、POST 和 DELETE。可以用来实现对 Bucket 和 Object 的创建、上传、复制、删除、批量删除等操作。

(3) 关系型数据库服务

① 概述。阿里云在云端为用户提供了一种与传统关系型数据库完全兼容的关系型数据库服务 RDS,可以通过 Web 的方式在云端很方便地在几分钟内创建可以投入生产、经过优化的数据库实例,并且提供了简化的数据备份、恢复、扩展升级等日常管理功能。RDS 目

前支持 MySQL 和 SQL Server 两种关系性数据库,与在本地自己搭建的数据库在使用上完全兼容,无须重新学习,无须做代码迁移。只需要使用通用的数据导入导出工具即可直接迁移到 RDS 服务器中。

② 管理实例。可以通过 Web 的方式,登录阿里云用户中心的"管理控制台",选择关系型数据库服务 RDS,系统将显示数据库实例的列表。单击实例列表中的管理按钮,可以显示数据库实例的详情,包括实例名、数据库类型、内存大小、已用空间等信息。

③ 管理数据库。在管理页面,单击"数据库管理"标签,系统将显示当前数据库实例中的所有数据库列表,在该页面,用户可以添加、删除数据库。

④ 连接数据库。可以像访问本地数据库一样通过程序或者数据库客户端访问 RDS 数据库并对其进行操作,RDS 数据库的 url 是由实例名+. mysql. rds. aliyuncs. com 组成,端口号是 3306。

⑤ 备份策略。在"管理控制台"中可以设置备份策略。备份策略通常包含备份周期、备份时间和保留天数,RDS 会按照用户设置的备份策略自动进行备份。每一次自动备份生成的数据文件就是一个备份点(Backup Point),可以选择其中任何一个备份点,执行回滚操作,将数据库恢复到备份点的状态。每个备份点都可以恢复的,不过恢复后,在这个备份点之后产生的数据将会被覆盖丢失。

10.2　在阿里云部署云表平台

10.2.1　连接 Linux 服务器使用到的软件

连接 Linux 服务器的工具为 Bitvise Tunnelier-SSH2 Client,此工具是为了连接 Linux 服务器系统,上传下载数据或者使用命令控制服务器端,如图 10-1 所示。

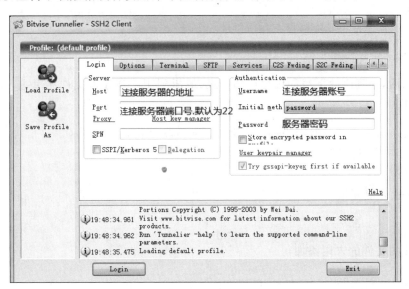

图 10-1　Bitvise Tunnelier-SSH2 Client

根据服务器地址、账号、密码端口输入后,将会有一个 FTP 的窗体与命令控制窗体,如图 10-2 所示。

图 10-2　FTP 窗体与命令控制窗体

FTP 窗体可以传递文件等输入,命令窗口可以控制 Linux 系统操作。

10.2.2　云表服务器使用到的软件

1. JDK

(1)下载 JDK

本书编写时的最新的 JDK 版本是 Java SE Development Kit 7u5,下载地址为 http://download. oracle. com/otn-pub/java/jdk/7u5-b06/jdk-7u5-linux-i586. tar. gz,查看最新:http://www. oracle. com/technetwork/java/javase/downloads/index. html。

(2) 解压安装

把 JDK 安装到这个路径:/usr/lib/jvm,如果没有这个目录(第一次当然没有),就新建一个目录:

```
1  cd /usr/lib
2  sudo mkdir jvm
```

建立以后,来到刚才下载的压缩包的目录,解压到刚才新建的文件夹里去,并且修改名字方便管理。

```
1  sudo tar zxvf ./jdk-7-linux-i586.tar.gz-C /usr/lib/jvm
2  cd /usr/lib/jvm
3  udo mv jdk1.7.0_05/ jdk7
```

(3) 配置环境变量

```
1  gedit~/.bashrc
```

在打开的文件的末尾添加:

```
1  export JAVA_HOME=/usr/lib/jvm/jdk7
2  export JRE_HOME=${JAVA_HOME}/jre
3  export CLASSPATH=.:${JAVA_HOME}/lib:${JRE_HOME}/lib
4  export PATH=${JAVA_HOME}/bin:$PATH
```

保存退出，然后输入下面的命令来使之生效：

```
1  source~/.bashrc
```

（4）配置默认 JDK（一般情况下这一步都可以省略）

由于一些 Linux 的发行版中已经存在默认的 JDK，如 OpenJDK 等。所以为了使得刚才安装好的 JDK 版本能成为默认的 JDK 版本，还要进行下面的配置。

执行下面的命令：

```
1  sudo update-alternatives--install /usr/bin/java java /usr/lib/jvm/jdk7/bin/
   java 300
2  sudo update-alternatives--install /usr/bin/javac javac /usr/lib/jvm/jdk7/
   bin/javac 300
```

注意：如果以上两个命令出现找不到路径问题，只要重启一下计算机在重复上面两行代码就可以了。

执行下面的代码可以看到当前各种 JDK 版本和配置：

```
1  sudo update-alternatives--config java
```

（5）测试

打开一个终端，输入下面命令：

```
1  java-version
```

显示结果：

```
1  java version "1.7.0_05"
2  Java(TM) SE Runtime Environment (build 1.7.0_05-b05)
3  Java HotSpot(TM) Server VM (build 23.1-b03, mixed mode)
```

这表示 Java 命令已经可以运行了。

2. Apache Tomcat

Tomcat 可以在 apache tomcat 官方下载一个 Tomcat 的压缩文件，将压缩文件直接传送到 Linux 服务器中，可以自己选择文件夹。

3. 将云表系统放入 tomcat 服务器中

将云表服务器端程序 WEB-INF 文件夹，放入在 tomcat 的相对位置 apache-tomcat-7.0.42/webapps/ROOT，如果以前的 ROOT 中拥有这个文件夹，直接进行删除后将乐图软件公司提供的 WEB-INF 放入其中。

将 tomcat 进行启动，先进入 tomcat 文件夹相对位置/data/web/apache-tomcat-7.0.42/bin. 执行语句 sh startup. sh，进行启动 tomcat。

配置数据库。进入 tomcat 相对位置/data/web/apache-tomcat-7.0.42/webapps/ROOT/WEB-INF/application/conf conf 文件夹中有文件名为 application.conf 配置文件，将配置文件传下本地修改或者直接使用命令修改文件均可找到文件中 db.url＝开头的记录，进行修改，修改为阿里云 RDS 提供的数据库的地址：

db.url=阿里云的 RDS 链接地址

```
db.driver=com.mysql.jdbc.Driver
db.user=root
db.pass=密码
jpa.dialect=org.hibernate.dialect.MySQLDialect
```

将 tomcat 启动后就可以使用云表浏览器来访问云表服务器。

10.3　基于 SaaS 的云表企业应用平台开发

云表是一款基于元数据描述的可配置企业应用程序开发平台,通过元数据描述界面 UI、业务对象、业务规则以及业务流程。

只要在云表的网站上申请一个应用账号,就可开通一个应用空间,用户可以在应用空间中配置自己的应用系统,并创建多个用户账号,分配给企业内部员工使用。

云表提供可视化的配置工具用来创建描述应用系统功能的元数据。

1. 设计原则

(1) 业务为导向的设计理念

云表提供了一个站在客户视角,以业务为导向的系统开发方法,基于表单＋业务规则＋流程的方法来构建系统。

(2) 技术无关性设计原则

云表平台屏蔽了构建系统的底层 IT 技术细节,业务人员无须了解数据库知识,无须学习编程知识,无须关心网络通信协议等,只需关心上层的业务关系和业务实现。

2. 基本概念

(1) 表单

在云表平台中,所有事物都是以表单形式存在的,例如常见的进销存系统中的出库单、入库单、产品信息、产品库存等,CRM 系统中的客户信息、客户服务记录等都是以表单的形式存在。可以把云表中的表单和日常管理中的纸质单据进行类比。

表单通常包含两类数据,一类是表单的基本信息,一类是明细数据。

(2) 基本信息

基本信息用来描述表单的一些基本属性,例如销售订单中的订单编号、客户名称、送货地址、联系人、联系电话等都属于基本信息。

(3) 明细数据

表单中经常会有多条记录的数据,例如一张销售订单中会有多条被销售的产品记录,一个采购单中也会存在多个采购的货品,这些数据称为明细数据,明细数据的一个显著特征是有多条记录。

一个表单可以只有基本信息,而没有明细数据。

(4) 数据项

数据项指表单中需要填写的数据项目,一个数据项有多个属性来对其进行描述与定义,包括名称、类型、是否必填、是否主键等。例如销售订单中的客户名称、商品编号、数量等都称为数据项,客户名称数据项的类型是文本型、数量数据项的类型是小数型。

(5) 表单模板

模板,顾名思义就是表单的模子,是为了方便重复创建表单用的。在云表中,具体来讲,表单模板中规定了表单的样式和表单中的数据项,以及数据项的填写规范,同时也规定了填表公式和业务公式。

(6) 数据规范

用来规范数据项中数据的填写,例如性别,只能从系统提供的拉下列表中选择。例如填表人,在新建表单时自动填入取当前登录用户的姓名。云表提供了 5 种数据规范,分别是系统变量、自动编号、下拉列表、列表选择、树形选择。

(7) 填表公式

填表公式在客户端执行,用来响应用户的交互操作,辅助用户完成表单的填写工作。

(8) 业务公式

业务公式在服务器端执行,用来操作数据库中其他表单,以实现指定的业务逻辑,例如当用户在客户端填写完入库单,提交保存到服务器端数据库中时,需要同时更新数据库中库存表中对应货品信息的数量,这就是一个入库业务逻辑,需要用到业务公式来完成。

3. 开始使用云表

(1) 注册云表账号

访问 www.eversheet.cn 网站,在首页单击注册试用账号,进入注册页面,填写相关信息后,提交注册信息,云表会为用户开通一个应用空间,系统会把管理员账号及初始密码发送到注册时填写的邮箱中。

每个应用空间都有一个唯一的网址,例如 http://www.eversheet.cn/xxxx,其中 xxxx 是分配给用户的应用空间的 ID 号。

(2) 下载云表浏览器

将这个网址复制到 IE 浏览器的地址栏中,浏览器页面如图 10-3 所示。

云表浏览器是云表的客户端程序,是纯绿色软件,不需要安装,右击页面中的下载链接,选择另存为到桌面。

下载完成后,在桌面双击打开云表浏览器,在地址栏中输入应用空间的网址,显示登录界面,输入账号密码登录进入应用空间,如图 10-4 所示。

下面介绍如何使用云表开发一个简单的进销存管理系统。

4. 开发进销存系统

(1) 系统需求

通过搭建一个简单的进销存系统来学习使用云表的快速开发企业应用系统的基本步骤。用于 DEMO 的进销存系统需求包含五个用例,两个角色,如图 10-5 所示。

① 系统管理员用来执行系统的初始化工作,分别对应三个用例。

a. 包括建立仓库信息,本系统支持多个仓库的管理。

b. 建立商品基本资料,为仓库中需要管理的每一种商品建立档案信息,包括商品编号、商品名称、货品单位等基础信息。

c. 建立供应商信息,录入供应商的基本信息,包括供应商编号、名称、联系人、电话、地址等。

② 库管员用来执行日常的仓库管理工作,在本系统中对应两个用例。

a. 采购入库。当有采购的商品到达库房时,库管员需要执行入库操作,记录本次入库的商品数量,并增加商品的库存数量。

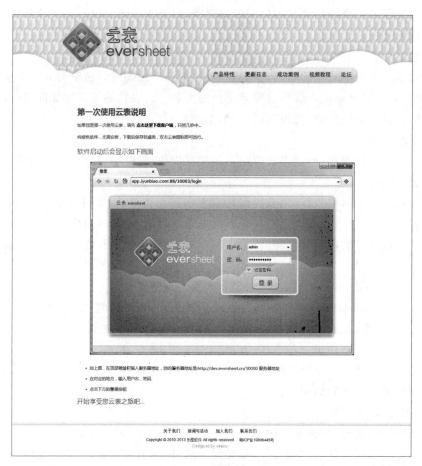

图 10-3　云表浏览器

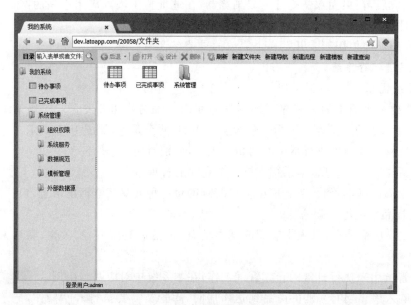

图 10-4　云表浏览器应用空间

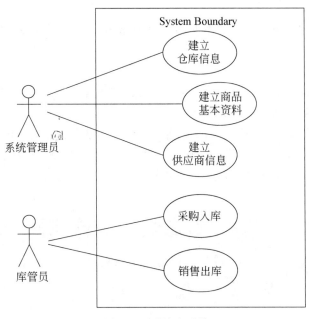

图 10-5　进销存系统

b. 销售出库。当有商品被销售时,库管员需要执行出库操作,记录本次出库的商品数量,并减少商品的库存数量。

（2）系统设计

通过分析用例图,找出实体表单和业务表单,实体表单就是要管理的业务对象,业务表单对业务活动进行记录,如图 10-6 所示。

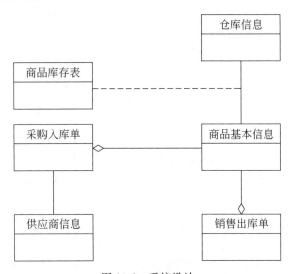

图 10-6　系统设计

首先找出被管理的对象:仓库、商品、库存,在云表中把这三个对象建模成仓库表、商品信息表、商品库存表。然后找出业务活动:很显然是采购入库和销售出库,在云表中把这两个业务活动建模成采购入库单和销售出库单。

（3）设计模板

在云表中所有的对象都是以表单的形式展现，使用云表进行软件开发，实际上是设计表单模板的一个过程。

（4）文件夹管理

在创建模板之前，先新建两个文件夹，分别是基础数据和业务管理，后续创建的模板，根据用途不同分别放到这两个文件夹中。

打开云表浏览器，登录系统之后，默认显示的是文件夹管理视图，单击工具栏上的"新建文件夹"按钮，打开文件夹设置对话框，输入文件夹名称，单击"确定"按钮，系统就会在当前文件夹中创建一个新的子文件夹，如图10-7所示。在左侧的导航树中也会显示刚刚新建的文件夹。

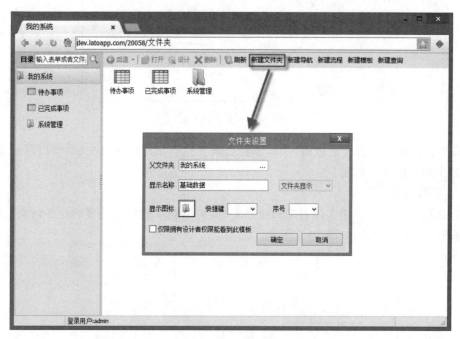

图 10-7　文件夹管理视图

（5）创建基础数据表单模板

双击进入刚刚新建的"基础数据"文件夹，单击工具栏上"新建模板"按钮，系统会打开一个新的标签页界面，显示一个空白的模板，可以像画 Excel 表格一样，设计表单的样式。

（6）创建仓库信息模板

首先创建"仓库信息"表单，如图10-8所示绘制表单样式。

接下来需要定义数据项，目的是告知系统，这个表单需要填写项目。仓库信息只有两个需要填写的项目：仓库编号和仓库名称。

如图10-9所示，单击工具栏上"定义基本信息"按钮，系统弹出"字段设置"对话框，选择"左侧单元格"选项，单击"下一步"按钮，系统显示数据项列表。

系统自动填写好数据项的名称，以及数据类型，如果不合适，可以手动调整。确认后单

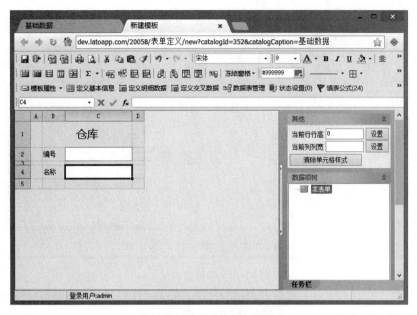

图 10-8   "仓库信息"表单

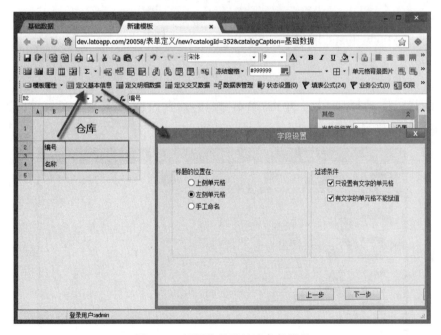

图 10-9   标题位置及过滤条件设置

击"完成"按钮,完成数据项的定义,如图 10-10 所示。

完成数据项定义后,系统会用红色的虚线框表示出数据项对应单元格的位置,如图 10-11 所示。

单击工具栏上"保存"按钮,系统会提示输入模板编号和模板名称,视图类型等信息。

① 模板编号:填写为 jc001。

② 模板名称:填写为"仓库信息"。

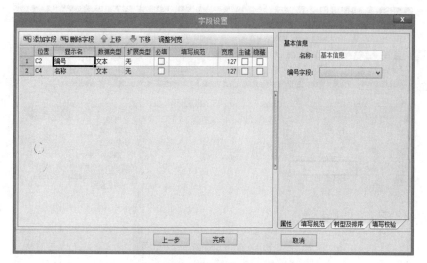

图 10-10　数据项的定义

图 10-11　设置完成

③ 视图类型：选择对话框。单击"确定"按钮，保存模板，至此完成了简单的模板创建工作，如图 10-12 所示。

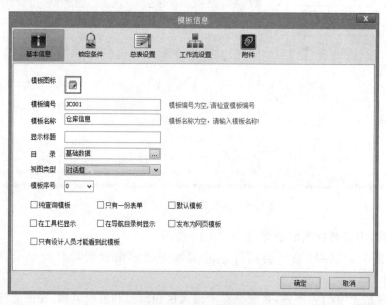

图 10-12　完成模板创建

回到"基础数据"文件夹管理页面,可以看到刚刚新建的"仓库信息"模板的图标,如图 10-13 所示。

图 10-13　"基础数据"窗口

双击进入"仓库信息"总表界面,如图 10-14 所示。

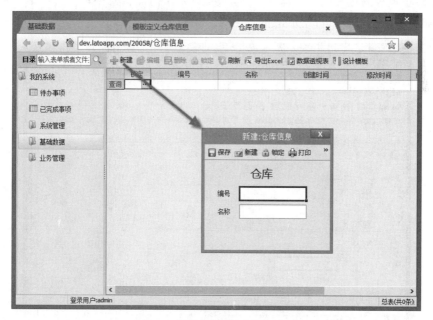

图 10-14　"仓库信息"总表界面

因为是刚新建的模板,所以总表中还没有任何表单,单击工具栏"新建"按钮,系统弹出"仓库信息"表单,这个表单界面是系统根据用户设计的"仓库信息"模板生成,并且只有在定义了数据项的位置可以输入数据。在仓库编号处输入 A01,仓库名称处输入"1 号仓库",单击"保存"按钮并关闭对话框,总表中会显示刚刚创建的一张表单,如图 10-15 所示。

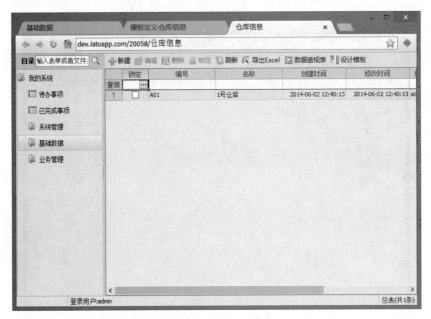

图 10-15　创建表单

（7）创建商品信息模板

创建表单模板的过程同仓库信息一样,下面只列出商品信息表单的样式和数据项定义的类型,如图 10-16 和图 10-17 所示。

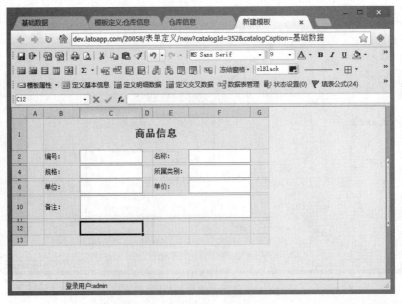

图 10-16　"商品信息"表单样式

注意:

① 设置数据类型,单价的数据类型要选择小数,备注的数据类型选择为备注;

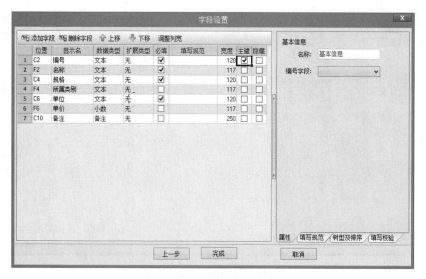

图 10-17　数据项定义

② 设置主键,设置"编号"为主键,设为主键的数据项不允许重复,在填写表单时,如果表单的主键与已有表单的主键重复时,系统会提示错误信息,这样可以保证数据的唯一性;

③ 设置必填,指定编号、名称、规格、单位四个数据项为必填,在填写表单时,被设置为必填的数据项为空,保存时系统会提示错误,不允许保存,这样可以保证数据的完整性。

（8）创建商品库存模板

商品库存表单用来记录商品在每个库存中的数量,表单样式如图 10-18 所示。

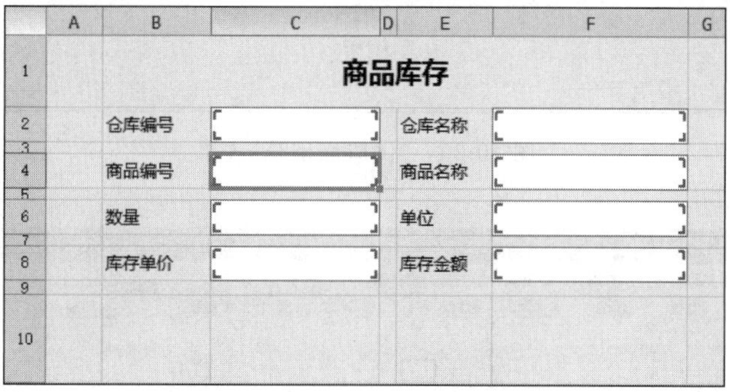

图 10-18　"商品库存"表单

定义数据项如图 10-19 所示。

设置仓库编号和商品编号为联合主键。

（9）创建供应商信息模板

供应商信息表单用来记录供应商的基本信息,在后续的业务表单中无须每次手工输入,从这里选取即可,减少录入工作量,并且减少录入错误。

表单样式设计如图 10-20 所示。

基本数据项定义如图 10-21 所示。

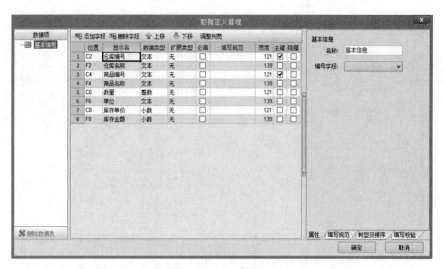

图 10-19 "数据定义管理"对话框

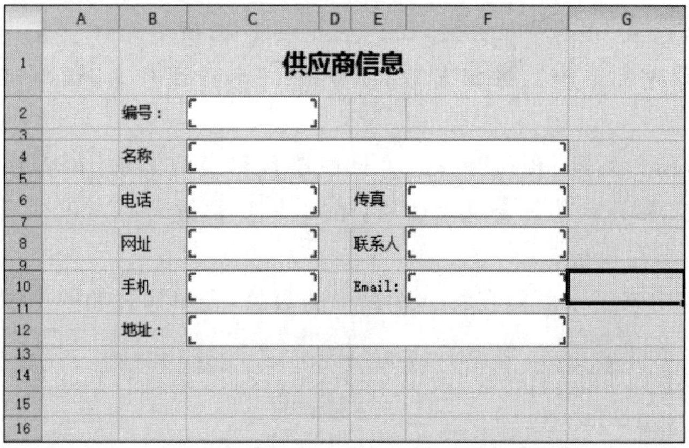

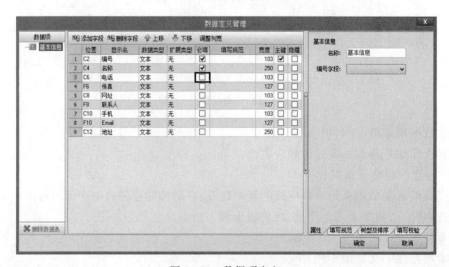

图 10-20 "供应商信息"表单

图 10-21 数据项定义

（10）创建业务表单模板

在本系统中，业务表单有两种，分别是"采购入库单""销售出库单"，此处以"采购入库单"为例进行说明。

① 创建采购入库单模板。采购入库单用于记录每次采购入库的商品数量、入库的仓库，审核之后要同步增加仓库中商品的库存数量，并采用移动加权平均的方法计算商品的库存成本。

② 设计表单样式。首先用户还是来设计表单样式，如图 10-22 所示。

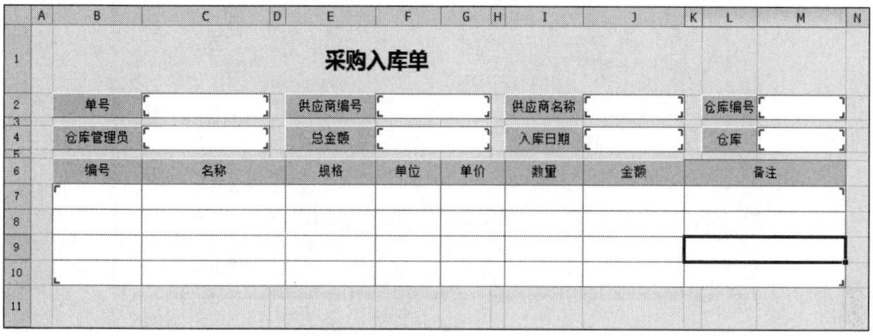

图 10-22　"采购入库单"表单样式

这个表单和前面设计的几个表单有所区别，这个表单不仅有基本信息数据项，还多了一个明细表，明细表的特点是有多条记录，在填写表单时允许动态添加行。

③ 定义数据项。定义数据项时，需要分两次定义，第一次定义基本信息数据项，操作方法和前面介绍的一样。接下来定义明细数据项，首先框选表格中明细表区域，如图 10-23 所示。

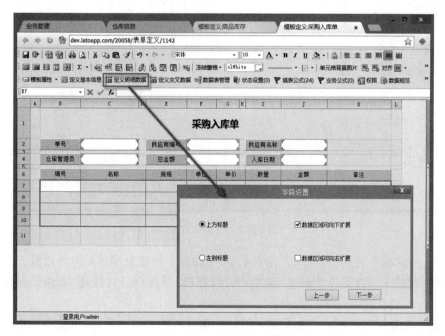

图 10-23　定义明细数据

说明：选择上方的文字作为数据项的标题，并且将数据区域可以向下扩展的选项打勾，如果不选择此选项，填写表单时，明细表的行数会被固定，设计时有几行，填表时就只能填写几行，不允许增加。

单击"下一步"按钮，给明细表输入一个名称，因为有时在一张表单中会定义多个明细表，所以需要为每个明细表取一个名字以做区分，在"采购入库单"中只有一个明细表，所以取系统默认的名称为好，如图 10-24 所示。

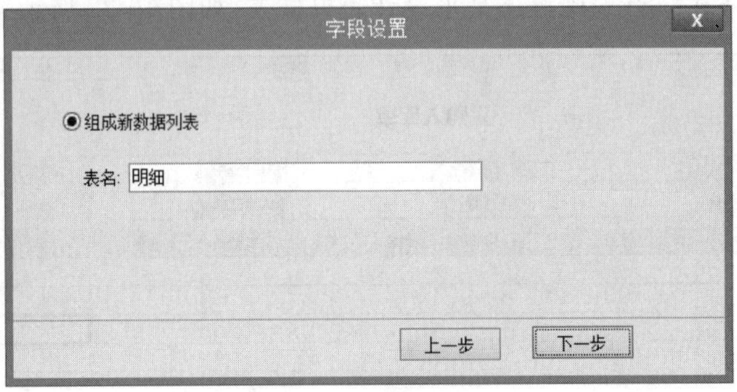

图 10-24 明细表表名设置

单击"下一步"按钮，进入数据项列表定义界面，和定义基本信息数据项一样，如图 10-25 所示。

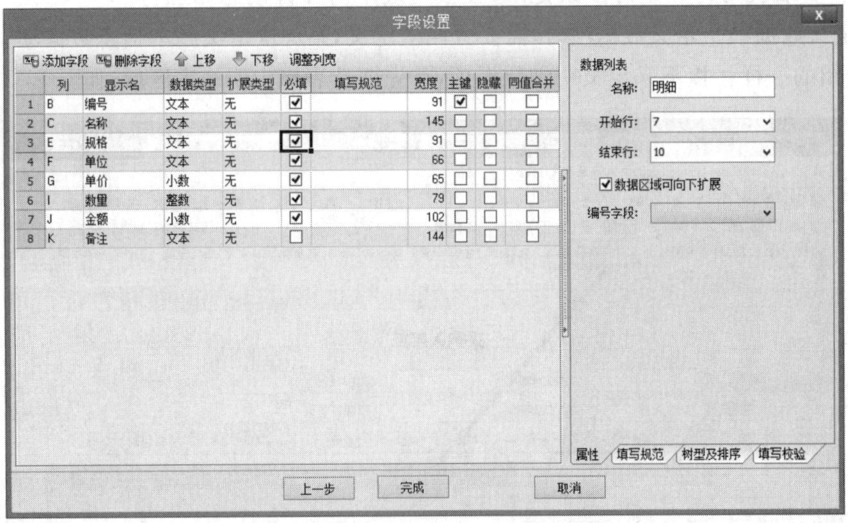

	列	显示名	数据类型	扩展类型	必填	填写规范	宽度	主键	隐藏	同值合并
1	B	编号	文本	无	☑		91	☑	☐	☐
2	C	名称	文本	无	☑		145	☐	☐	☐
3	E	规格	文本	无	☑		91	☐	☐	☐
4	F	单位	文本	无	☑		66	☐	☐	☐
5	G	单价	小数	无	☑		65	☐	☐	☐
6	I	数量	整数	无	☑		79	☐	☐	☐
7	J	金额	小数	无	☑		102	☐	☐	☐
8	K	备注	文本	无	☐		144	☐	☐	☐

图 10-25 定义数据项

主键：指定编号为主键，在同一张表单中，明细表里的记录编号不允许重复。

必填：设置一下数据项为必填(编号、名称、规格、单位、单价、数量、金额)，保证数据完整性。

④ 设置数据规范。用户希望采购入库单的单号由系统自动生成，为此需要创建一个自动编号数据规范，指定好编号规则。然后给"单号"这个数据项绑定此数据规范，当填写表单时，系统就会根据编号规则为每一个"采购入库单"分配一个唯一的编号。

单击工具栏上"数据规范"按钮,系统弹出"数据规范选择"对话框,系统提供了五种数据规范,分别是系统变量、自动编号、下拉列表、列表选择、树形列表,如图 10-26 所示。

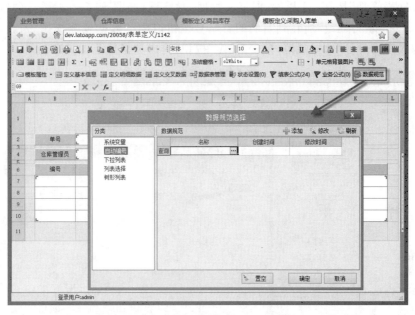

图 10-26   "数据规范选择"对话框

要创建自动编号数据规范,所以在左边的分类列表中选中"自动编号",然后单击工具栏上"添加"按钮,打开"数据规范-自动编号"对话框,如图 10-27 所示。

图 10-27   "数据规范-自动编号"对话框

- 给数据规范指定名称;
- 指定编号的组成规则,采购入库单的单号由四部分组成,分别是: CGR 字母代号,日期,分隔符,顺序号。

单击"确定"按钮,系统会创建一个新的数据规范。

⑤ 给数据项绑定数据规范。接下来为"单号"数据项绑定刚刚新建的数据规范,单击工具栏上"数据表管理"按钮,打开"数据定义管理"对话框,如图 10-28 所示,找到单号数据项所在的行,单击"填写规范"所在列右侧的省略号按钮,打开"数据规范选择"列表,选中刚创建的"采购入库单单号"数据规范,单击"确定"按钮,完成数据规范的绑定。

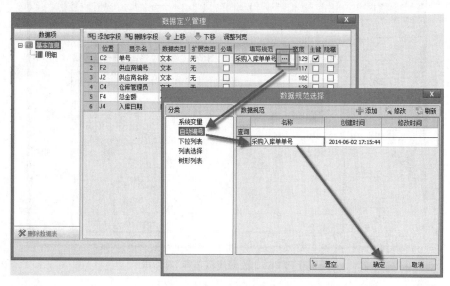

图 10-28 数据规范的绑定

当新建一张"采购入库单"后,保存表单,系统便会自动产生一个单号,如图 10-29 所示。

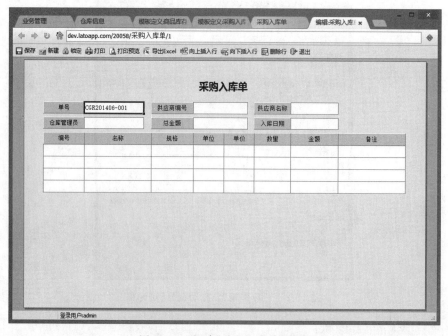

图 10-29 新建"采购入库单"表单

⑥ 实现审核入库功能。用户希望实现当采购入库单被审核后,增加商品库存数量,为了实现这个功能,首先给表单增加一个状态数据项,打开采购入库单模板设计视图,单击工具栏上的"状态设置"按钮,打开"表单状态设置"对话框,单击"添加字段"按钮,添加一个状态字段,设置方法如图 10-30 所示。

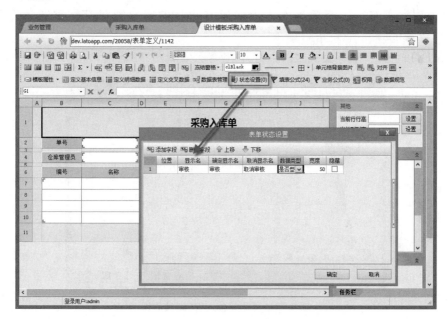

图 10-30 审核入库功能设置

⑦ 设计入库更新库存数量业务公式。业务公式的本质作用是将一个或多个表单中的数据经过变换后写入另外的表单中,从而实现一定的业务逻辑,例如出库业务公式,从出库单中获取出库商品的数量,来更新库存表中对应商品的库存数量,其中的数据变换规则是当前库存数量-本次出库数量。

站在用户的角度可以这样来理解业务公式,可能会更加形象一些:在没有计算机的时代,所有的表单被分门别类地保存在一个大的档案柜中,档案柜有很多抽屉,每一个抽屉存放着一种类型的表单,例如,所有的入库单被放在一个贴有"入库单"标签的抽屉里,同样所有的出库单放在另外一个抽屉里,还有一个抽屉存放的是"库存单",一张"库存单"记录一件货品的库存信息,包括数量、单价、金额。

当仓库管理员完成一批货物的入库工作后,他需要填写一张入库单,用于记录本次入库货品的数量、单价以及金额等信息,在他填写完入库单,准备放入贴有"入库单"标签的抽屉之前,他必须修改库存单,以保证记录的数量是入库之后新的库存数量。

他首先会打开存放有库存单的抽屉,然后查看入库单,记住入库明细中的第一条记录的货品编号,例如"A001",然后他会逐一翻看抽屉中的每一张库存单,找出货品编号等于"A001"的库存单。

他会用铅笔在草稿纸上记下:库存单中的当前数量是 300,加上本次入库数量 200,共500。500 就是"A001"这个货品入库之后的总库存数量,仓库管理员会擦去库存单上原来的数量 300,写上新的数量 500。同样地,他会接着计算新的金额,库存单中的金额 300,加上入库单明细中第一行记录的本次入库的金额 300，共 600，并把 600 写到库存单上。然后他还会计算加权平均之后的单价，计算公式是库存单上新的金额 600 除以库存单上新的数量 500，结果为 1.2 元。最后把这张库存单放回抽屉里。

入库单明细中第一行记录的货品处理完后，接下来以同样的方式处理第二行，第三行，直到处理完所有行。至此本次入库的所有货品的库存数量都被重新计算并记录下来。

单击工具栏上的"业务公式"按钮，打开"业务公式管理"对话框，如图 10-31 所示。

图 10-31　"业务公式管理"对话框

在左侧的业务事件树形列表中，选中状态改变事件下面的"审核"节点，单击"添加公式"按钮，新建一个业务公式，在该事件下面添加的业务公式，会在"采购入库单"被审核时执行，如图 10-32 所示。

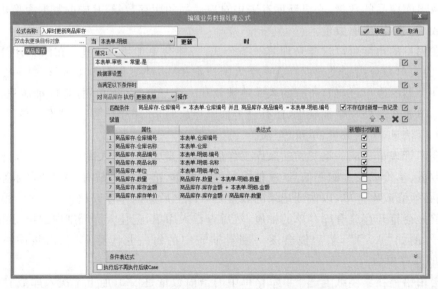

图 10-32　"编辑业务数据处理公式"对话框

本 章 小 结

　　本章介绍了基于阿里云的 SaaS 云表软件设计与开发的流程与方法。云表软件作为企业的一个核心产品已得到良好的推广和应用，对于 SaaS 应用开发具有良好的借鉴作用。

第11章

基于百度 API 的 Android 街景地图设计

内容提要

(1) 开发环境；

(2) 获取百度地图 API；

(3) 项目需求分析；

(4) 项目设计；

(5) 项目展示。

目　　标

掌握基于百度 API 的 Android 街景地图设计与开发方法。

重　　点

获取百度地图 API、项目设计与开发方法。

难　　点

基于百度 API 的项目设计与开发方法。

11.1　引　　言

随着移动互联网时代的到来，手机已然成为人们生活中离不开的一件东西。手机能提供的方便、快捷服务越来越多地代替人们之前的生活方式。搭车、购物、娱乐、社交，基本上手机能成为人们与外界沟通的任何途径。在各类手机中 Android 和 IOS 操作系统可谓基本占据了整片江山。Android 以其简洁、安全深受大众的喜爱，IOS 以其高端、友好让用户喜欢。这两个操作系统都有其优点让用户拥有，让开发者追求，而这次选择 Android 作为开发的平台是因为其开源和大众化地图，在人们生活中是一种道路的指向，人们可以通过地图找到自己想要到达的地方。作为地图供应商的两大公司，Google 和百度，都提供其 API 给开发者使用，此处将展示百度其街景功能。

Android 是一种基于 Linux 的自由、开放源代码的操作系统，主要使用于移动设备，如智能手机和平板电脑，由 Google 公司和开放手机联盟领导及开发，尚未有统一中文名称，中国大陆地区较多人使用"安卓"或"安致"。Android 操作系统最初由 Andy Rubin 开发，主要支持手机,2005 年 8 月由 Google 收购注资,2007 年 11 月,Google 与 84 家硬件制造商、软件开发商及电信营运商组建开放手机联盟共同研发改良 Android 系统。随后 Google 以 Apache 开源许可证的授权方式,发布了 Android 的源代码。第一部 Android 智能手机发布于 2008 年 10 月。Android 逐渐扩展到平板电脑及其他领域上,如电视、数码相机、游戏机等。2011 年第一季度,Android 在全球的市场份额首次超过塞班系统,跃居全球第一。2013 年的第四季度,Android 平台手机的全球市场份额已经达到 78.1%。2013 年 9 月 24 日,谷歌开发的操作系统 Android 迎来了 5 岁生日,全世界采用这款系统的设备数量已经达到 10 亿台。

百度地图 Android SDK 是一套基于 Android 2.1 及以上版本设备的应用程序接口。用户可以使用该套 SDK 开发适用于 Android 系统移动设备的地图应用,通过调用地图 SDK 接口,轻松访问百度地图服务和数据,构建功能丰富、交互性强的地图类应用程序。

百度全景图是一种实景地图服务,为用户提供城市、街道和其他环境的 360°全景图像,用户可以通过该服务获得如临其境的地图浏览体验。全景地图使用新的地图技术,营造新的产品体验,真正实现"人视角"的地图浏览体验,为用户提供更加真实准确、更富画面细节的地图服务。

11.2　开发环境

11.2.1　下载相关软件

相关下载软件及下载网址如表 11-1 所示。

表 11-1　相关软件及其下载网址

软件名称	对应下载网址
JDK	http://www.oracle.com/technetwork/java/javase/downloads/index.html
Eclipse	http://www.eclipse.org/downloads/
Android SDK	http://developer.Android.com/sdk/index.html

11.2.2　安装软件和配置环境

1. 安装 JDK

下载好 JDK,双击"安装"按钮。假设安装路径为: C:/Program Files/Java/jdk1.6.0_05(当然其他路径也可以)。JDK 安装完成之后要设置系统环境变量,右键单击"我的电脑",选择"属性",选择"高级"标签,进入环境变量设置。环境变量设置,分别设置三个环境变量:JAVA_HOME、path 变量、classpath 变量。

(1) 设置 JAVA_HOME

在系统环境变量那一栏中,单击"新建"按钮,新建 JAVA_HOME(JAVA_HOME 指向的是 JDK 的安装路径)。变量名为 JAVA_HOME,变量值为 C:/Program Files/Java/jdk 1.6.0_05。设置 JAVA_HOME 量的目的如下。

① 为了方便引用,比如,JDK 安装 C:/Program Files/Java/jdk1.6.0_05 目录里,则设

置 JAVA_HOME 为该目录路径，以后要使用这个路径时，只需输入％JAVA_HOME％即可，避免每次引用都输入很长的路径串。

② 归一原则，当 JDK 路径改变时，仅需更改 JAVA_HOME 的变量值即可。否则，就要更改任何用绝对路径引用 JDK 目录的文档,没有改全则某个程序找不到 JDK,后果将导致系统崩溃。

③ 第三方软件会引用约定好的 JAVA_HOME 变量，否则不能正常使用该软件。

（2）设置 path 变量

在系统变量里找到 path 变量,选择"编辑",变量名为 path ，变量值为％JAVA_HOME％/bin。

设置 path 变量使得用户能够在系统中的任何地方运行 java 应用程序,比如,javac、java、javah 等,这就要找到安装 JDK 的目录,比如 JDK 安装在 C:/Program Files/Java/jdk1.6.0_05 目录下,那么在 C:/Program Files/Java/jdk1.6.0_05/bin 目录下是常用的 java 应用程序,需要把 C:/jdk1.6.0/bin 这个目录加到 path 环境变量里。

（3）设置 classpath 环境

在系统环境变量那一栏中单击"新建"按钮,新建 classpath。变量名为 classpath ,变量值为.;％JAVA_HOME％/lib/;％JAVA_HOME％/jre/lib/(注意,CLASSPATH 最前面是有个"."的,表示当前目录,这样当用户运行 java AClass 时,系统就会先在当前目录寻找 AClass 文件了)。如图 11-1 所示,是 JDK 的下载与安装界面,网址为 http://www.eclipse.org/downloads/。

图 11-1　JDK 的下载与安装

2. 安装 Eclipse

Eclipse 下载网址为 http://www.eclipse.org/downloads/,如图 11-2 所示。

将下载的压缩包解压到相应的安装目录即可。

3. 下载 Andriod SDK 并解压安装

Android SDK 的下载地址是 http://developer.Android.com/sdk/index.html。下载并解压安装到 Andriod SDK 目录,下一步可在 Eclipse 开发环境中指定该 SDK 所在目录。安装的 Android SDK 版本如图 11-3 所示。

图 11-2　Eclipse 的下载

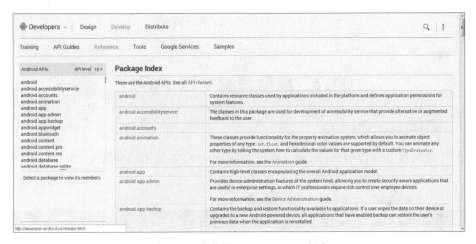

图 11-3　安装的 Android SDK 版本

4．配置 Android 环境

为了让开发过程更轻松,Google 还编写了一款 ADT 的 Eclipse 插件。安装该插件,需执行以下步骤。

(1) 启动 Eclipse,然后选择 Help＞Software Updates。

(2) 单击 Available Software 选项卡。

(3) 单击 Add Site 按钮。

(4) 输入 Android 更新站点的位置,https：//dl-ssl.google.com/Android/eclipse/。

(5) 此时,该 Android 站点应该出现在 Available Software 视图中。选中该站点旁边的复选框,然后单击 Install 按钮。如果出现错误信息,原因可能是 Eclipse 的版本错误。

(6) 单击 Finish 开始下载安装过程。

(7) 安装完成后,重新启动 Eclipse。

Eclipse 启动后可能出现几条错误信息,因为此时需要知道 Android SDK 的位置。选择 Window→Preferences→Android,然后输入 SDK 安装目录。单击 OK 按钮。图 11-4 所示为启动 Eclipse 的界面,完成配置 Android 的环境。

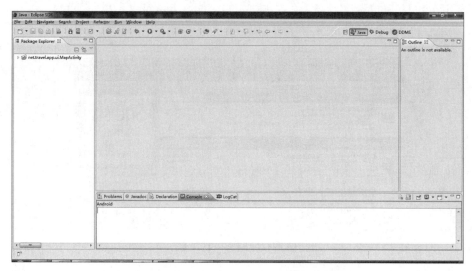

图 11-4　启动 Eclipse 后的界面

11.3　获取百度地图 API

11.3.1　获取百度 API Key

（1）打开网页 http：//developer. baidu. com/map/，如图 11-5 所示。

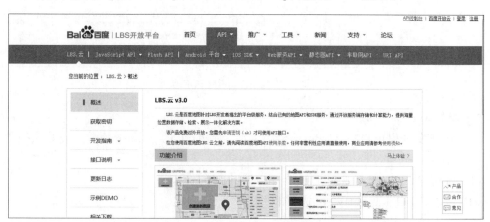

图 11-5　打开百度地图开发网页

（2）在获取百度地图 API 的 Key 之前，首先申请成为百度开发者。

（3）获取百度地图 API 的 Key，如图 11-6 所示。

创建成功后，系统会给一个 Key。这个是项目接入的关键所在，如图 11-7 所示。

11.3.2　SlidingMenu 开源项目的接入

打开网页 https：//github. com/jfeinstein10/SlidingMenu，进行开源项目的接入，如图 11-8 所示。

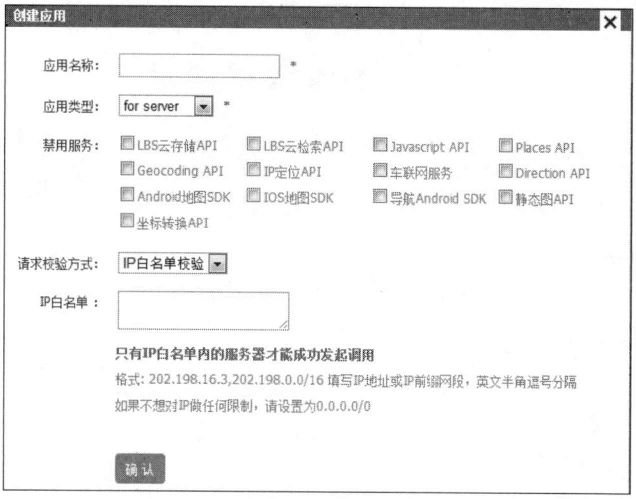

图 11-6   获取百度地图 API 的 Key

图 11-7   开发用到的密钥

图 11-8   开源项目的接入

11.4 项目需求分析

基于百度云进行项目开发,项目拟实现的主要功能如下。

(1) 基于百度 API 的地图全景展示;

(2) GPS 定位服务;

(3) 平面图和卫星图的展示;

(4) 城市搜索功能;

(5) 交通道路信息展示;

(6) 显示地图位置信息功能;

(7) 搜索输入自动提醒功能。

11.4.1 功能需求

软件的功能更多的是体现在全景图上,基本的功能都是在全景图上进行扩展,通过全景图为开发主导向进行其他功能的拓展性开发。

全景图通过广角的表现手段以及绘画、相片、视频、三维模型等形式,尽可能多表现出周围的环境。360°全景,即通过对专业相机捕捉整个场景的图像信息或者使用建模软件渲染过后的图片,使用软件进行图片拼合,并用专门的播放器进行播放,即将平面照片或者计算机建模图片变为 360°全观,用于虚拟现实浏览,把二维的平面图模拟成真实的三维空间,呈现给观赏者。

11.4.2 全景图优点

相比较一般的效果图和三维动画,全景图具有如下优点。

(1) 避免了一般平面效果图视角单一、不能带来全方位感受的缺憾,本机播放时画面效果与一般效果图是完全一样的。

(2) 互动性强,可以由客户操纵从任意一个角度互动性地观察场景,犹如身临其境,最真实的感受最终设计的结果,这一点也不同于缺少互动性的三维动画。

(3) 价格仅比一般效果图略高,相比动辄每秒几百元的三维动画来说可谓经济实惠,而且制作周期短。

(4) 全:全方位,全面地展示了 360°球形范围内的所有景致,可在例子中用鼠标左键按住拖动,观看场景的各个方向。

(5) 景:实景,真实的场景,三维实景大多是在照片基础之上拼合得到的图像,最大限度地保留了场景的真实性。

(6) 360°:360°环视的效果,虽然照片都是平面的,但是通过软件处理之后得到的 360°实景,却能给人以三维立体的空间感觉,使观者犹如身在其中。

图 11-9 所示为中国香港维多利亚港全景图。

图 11-9　中国香港维多利亚港全景图

11.4.3　百度全景图概述

百度全景图是一种实景地图服务,为用户提供城市、街道和其他环境的 360°全景图像,用户可以通过该服务获得如临其境的地图浏览体验。全景地图使用新的地图技术,营造新的产品体验。真正实现"人视角"的地图浏览体验,为用户提供更加真实准确、更富画面细节的地图服务。

11.5　项目设计

项目设计流程及架构如图 11-10 所示,各类展示功能如表 11-2 所示。

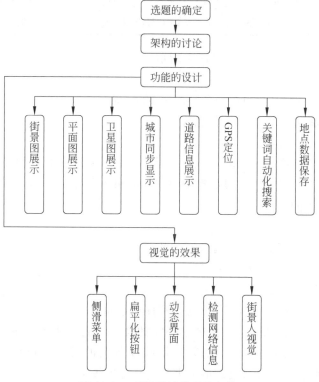

图 11-10　项目设计流程及架构

表 11-2　各类展示功能简介

街景图展示	使用百度 SDK 提供的视图类 PanoramaView,作为展示的主控件,通过默认定位,GPS 定位来展现视图的效果。同时视图类也实现了 PanoramaViewListener 接口,通过这个接口,实现了加载圈的友好显示,加载完视图后地址的保存。原本通过此接口,能实现街景地图"人视角"的功能,但是由于百度没提供珠海的街景地图,无法测试,所以此功能等待实现
平面图展示	使用 BaiduMapView 继承于 MapView 的接口作为展示的控件,继承增加的覆盖物泡泡的图层,平面图也实现了 KMapViewListener 接口,通过此接口保存了位置的信息
卫星图展示	卫星图和平面图用同一个 BaiduMapView 控件展示,但调用了不同的接口图层,达到了不同的显示效果
城市同步显示	位置的保存时用了 SharedPreferences 保存方式,这个保存方式快捷、方便。每次变化界面都会对地图的中心地点进行保存,以达到同视角的效果
道路信息展示	道路信息的展示能够在平面图和卫星图上显示道路的实时拥堵信息,通过调用百度的 API 接口实现的效果
GPS 定位	GPS 的定位是基于百度的 Android 定位 SDK 功能,不同于百度地图的 SDK 架包,定位的客服端类为 LocationClient 类,同时也需要注册 BDLocationListener 接口,在 LocationClient 类发起请求,最后通过 BDLocationListener 接口返回数据,实现定位的功能效果
关键词自动化搜索	搜索功能可在当前城市实现搜索的效果,通过搜索,能在平面图上标记出位置,如果此位置提供全景图地图,单击可直接进入全景图效果。百度定义搜索类 MKSearch 放在继 Application 的 AppContext 中,这样来达到数据不在界面中处理上下载功能,不会出现主线程阻塞的后果。同时又运用了 Handle 来达到实时更新的效果,使数据能达到最快的展示。搜索功能中还实现了输入自动提醒的功能,用到 AutoCompleteTextView 的控件
地点数据保存	数据保存用到了 SharedPreferences,每次地图显示中心发生变化时就保存数据

项目代码的层次结构设计如图 11-11 所示。

（1）AppConfig. java

项目配置类,用于定义项目中的各种固定变量,保存项目的各种数据功能。例如,保存地图信息、保存登录信息、获取地图信息等。

（2）AppContext. java

项目环境类,是继承 application 的一个类,是整个项目中的各种环境参数的一个类。是各种接口返回值的一个类,返回数据通过 AppContext 的 Handle 发送到各个显示界面上,起到一个环境变量的作用。

（3）AppStart. java

开始界面类,这是项目一运行起来启动的一个类,也是 Android 的一个 activity。有动画效果的作用和提醒用户的效果。

（4）AndroidManifest. xml

AndroidManifest. xml 是 Android 应用程序中最重要的文件之一。它是 Android 程序的全局配置文件,是每个 Android 程序中必需的文件。它位于开发的应用程序的根目录下,描述了 package 中的全局数据,包括 package 中暴露的组件（activities、services 等）,以及它们各自的实现类,各种能被处理的数据和启动位置等重要信息。

（5）res

res 是项目中的资源文件,如图 11-12 所示。其中：anim 为动画效果文件；drawable 为图片文件；layout 为视图布局文件；menu 为菜单文件；values 为常量值文件。

数据适配器
访问网络的API接口
实体类
视图界面
工具类
控件工具

图 11-11　项目代码的层次结构

图 11-12　项目的资源文件

11.6　项目展示

图 11-13 所示为手机界面中图标，是 Android 手机安装应用后的图标效果。
应用启动动画如图 11-14 所示。

图 11-13　应用的图标

图 11-14　应用启动动画

11.7 地图类型介绍

图 11-15～图 11-17 分别是软件中同一个地点的三种地图类型,分别为街景图、鸟瞰图和卫星图。街景图定义 PanoramaView 用于展示视图平面图,和卫星图共用一种类型,用继承于 MapView 的自定义 BaiduMapView 类进行展示视图。

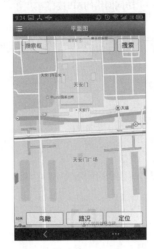

图 11-15 街景图　　　　　图 11-16 鸟瞰图　　　　　图 11-17 卫星图

PanoramaView 的视图通过 PanoramaServiceCallback 回调回来的 Panorama 进行视图的展示。通过 PanoramaService 的 requestPanoramaByGeoPoint 进行请求数据。

PanoramaView 也加入了 PanoramaViewListener 的触发器,PanoramaViewListener 触发器可以通过对 PanoramaView 视图变化产生回调,在更新视图中就加入了"加载圈"的动态效果处理,让用户的体验效果变得更加友好。

BaiduMapView 也加入了 MKMapViewListener 的触发器,可以通过对地图的操作产生回调,在回调中进行各种数据处理。

在两种接口回调中,都进行了获取地图中心信息的处理,对地图的信息进行保存,以提供记录作用。

11.8 菜单选项项目介绍

菜单选项项目实现的界面如图 11-18 所示。

菜单选项是一个开源的 SlidingMenu 项目,从 GitHub 网站下载下来的,在菜单选项中,分别提供了地图类型切换和地图信息的显示功能。地图类型的切换可以控制地图显示的不同类型,地图信息的显示功能可以一直保持地图中最新的数据信息。处理的方法是通过地图的返回接口,不断地实时更新数据,再通过 Handle 进行异步的更新界面效果。而这些数据,一直保存在手机的配置文件里。在地图的切换中,应用到了 ViewSwitcher 的切换效果。

在平面图中,如图 11-19 所示,有在目前城市搜索地点的服务功能,通过搜索,可以找到用户想要到达的地方,如果那个地方支持全景图,单击可以直接进入全景图的界面,让用户快速地了解到搜索地区的情况。

此外,图中还有"鸟瞰"、"路况"、"定位"三个按钮,以及上面的"搜索"按钮,都是通过自定义 xml 完成布局的,实现了扁平化的效果,单击按钮有灰色的底色。"鸟瞰"按钮可以切换地图的格式,在鸟瞰图和卫星图之间切换通过调用百度的 API 实现的效果。"路况"按钮可以显示目前道路上的交通状况,可让用户了解到实时的路面信息,对出行的方便有所帮助。这个按钮也是通过百度的 API 调用实现的效果。"定位"按钮可以准确地定位移动设备当时所在的位置,让用户了解周边的信息。在地图上会有小箭头进行当前位置的标记。这是调用百度定位的 API 达到的效果。

在搜索框中,加入了自动提醒功能,可以根据当前输入的信息,自动地弹出当前城市相关的文字热点,达到快捷的输入效果。这个效果是用到 Android 的 AutoCompleteText-View 控件,还有百度 API 接口返回来的信息,实现了每次输入都到服务器查询数据再加以显示的效果,如图 11-20 所示。

图 11-18 菜单选项项目界面

图 11-19 平面图

图 11-20 运行效果图

11.9 核心代码

核心代码如下。

```
public class ApiClient {
    //查询公交信息
    public static void setTransitSearch(Handler handler,String city,MKPlanNode
statr,MKPlanNode end,int TransitPolicy){
        MKSearch search=AppContext.getMKSearch(handler);
        search.setDrivingPolicy(TransitPolicy);
        search.transitSearch(city, statr, end);
    }
    //查询地理编号
```

```
public static void setReverseGeocode(Handler handler,MKPlanNode node){
    MKSearch search=AppContext.getMKSearch(handler);
    search.reverseGeocode(node.pt);
}
//城市 poi 检索.
 public static void setPoiSearchInCity(Handler handler, String city, String
poi){
    MKSearch search=AppContext.getMKSearch(handler);
    search.poiSearchInCity(city, poi);
}
//联想词检索
 public static void setSuggestionSearch(Handler handler, String str, String
city){
    MKSearch search=AppContext.getMKSearch(handler);
    search.suggestionSearch(str, city);
}
}
```

　　这个 ApiClient 是调用百度接口功能,通过这里可以向百度接口发出请求数据功能,收到数据再通过 Handle 传回到 Activity 中。这个达到了代码分离的作用,使代码中的耦合度尽可能地低,来降低出错的概率。其中的 MKSearch 类是搜索类,由百度 SDK 提供的。而返回来的数据会到达 AppContext 中,再从 AppContext 中的 Handle 传出来。

本章小结

　　本章用到最多的就是百度的 API 了,对百度的 API 基本均有所运用。在项目中,在功能的实现上,从了解 API、申请密钥、掌握 SDK,到不断运用,都能熟练掌握,只是开发的需求有所不同,有些需求在这个项目上没有得到展示。其实在功能的实现上人们最想做的是"人视图"的效果,从建立架构到创建界面,到代码实现基本清晰了项目开发的整个流程,所以对于以后的开发有很多的帮助。现在也明白 LBS(基于位置的服务)是什么,知道 LBS 能在日常生活中给人们很多便捷,知道 LBS 服务对人们的重要性,清楚了 LBS 还能给人们带来什么。事实上,只要走出自己的家门,LBS 服务都能给人们带来帮助,如位置查询、地图搜索、娱乐查询等,这样的一项服务可以改变人们的生活,便捷人们的生活。

Bmob 移动云服务开发

12.1　Bmob 移动云服务介绍

在正式的项目开发中，单客户端不能满足人们的需求，需要实现客户端与服务端的连接。而在编写 Android 服务端代码时，常常有很多问题困扰人们。如何才能通过简单的方式实现复杂的流程呢？Bmob 移动后端服务平台给人们创造了一个很好的后端平台。下面就一起来了解和学习 Bmob。

Bmob 自 2012 年 4 月创立至今，所有的功能和服务都是免费的。在三年的时间里，积累了大量的运维和服务经验，确保所有的数据信息都是安全稳定的。

Bmob 有以下的功能和优势。

12.1.1　数据服务

1. 丰富的数据类型，更自由

Bmob 无模式（schema-free）对象存储，Bmob 提供了丰富的数据类型，包括 String（字符串）、Number（数值，包括整数和浮点数）、Boolean（布尔值）、Date（日期）、File（文件）、

Geopoint（地理位置）、Array（数组）、Object（对象）等。

2. 数据操作，更简单

Bmob 提供了一体的可视化后台，数据操作简单方便，增删改查云端同步。离线数据操作，灵活应对用户网络不稳定的情况，此外还支持多表关联处理，数据的批量处理，还有本地化数据缓存操作让数据存取更快速。

3. 云端代码，更灵活

对于一些复杂的应用，用户可能更希望自己对业务逻辑有一定的掌控，Bmob 云端代码兼顾了这种灵活性，让用户的代码直接在 Bmob 云上运行，一旦在云端更新了代码，所有的移动应用都会立即自动更新，新功能的发布将会变得更加简单可控。

4. 配合定时任务，更方便

云端代码的黄金搭档，它能基于给定时间点或给定时间间隔自动执行云端代码。通过此功能用户可以实现类似于定时计算排行榜，定时开通用户某项权限等需求，操作简单方便。

5. 无限个性化定制，更有爱

Bmob 公有云用户可享受无限制的数据存储空间和无限制的 API 请求次数，让中小开发者放心使用。此外，只要有需求，专属定制化的私有云服务能满足用户的个性化需求，还有更多 VIP 特权服务随时享用。

6. 全平台 SDK 支持，更省事

Bmob 提供全平台 SDK 支持，只需一个云端数据库，即可实现多平台数据共用，云端更新，实时同步。

12.1.2　文件服务

1. 上传下载加速

Bmob 可根据就近原则接收用户请求，缩短上传下载的网络传输和等待时间，从而有效提高上传下载的速度。

2. 丰富的图片处理

使用 Bmob 图像处理接口后，即可使用丰富的图片处理服务，大大减少带宽消耗，提高开发效率。图片处理现已支持缩略图、水印、裁剪、旋转、调整图片质量、图片格式转换等，一次操作，多平台同步。

3. 安全稳定

Bmob 前端节点使用 LVS 进行容灾和负载均衡，数据中心的监控系统对机房进行统一调度，保证服务正常稳定运行。

4. 空间无限制

Bmob 支持图片视频等文件无极限存储，个人开发者都可以享用无限制的存储空间。

12.1.3　推送服务

1. 精准推送，一步到位

跨平台：多平台定制化推送，可选择点播推送到 Android 客户或 iOS 客户。

LBS：根据用户的地理位置进行精准推送。

2．灵活的推送方式

广播推送：向注册用户发送一条广播消息。

组播推送：根据属性对用户设置渠道分组，向群组用户发送。

多播推送：自由设定查询条件，如向不活跃的用户推送，以提升用户活跃度。

3．推送消息形式多样

通知：推送文本内容直接展示在用户的通知栏中。

自定义消息：推送自定义的消息内容给应用处理。

富媒体：推送预先编辑好的图文并茂的 HTML 页面内容。

4．更高性能，业内领先

更先进：云和端之间采用 Websocket 建立长链接，实时快速地推送消息到达客户端。

更节省：相比同行业，Bmob 直接集成在 SDK 的推送是更省电更省流量的。

更强壮：1 个长链接只消耗小于 10KB 的内存，32GB 的单机即可支持 300 万的终端长链接。

更快速：100 万条消息秒级推送到达终端，并发高，快速稳定。

12.1.4　扩展服务

1．定制用户自己的应用官网

自定义域名：好记有趣，由用户自行决定。

多模板选择：众多模板任意挑。

SEO 优化：酒香还怕巷子深，设定好关键词，SEO 优化轻松上头条。

2．广告收益优化

与业内广告公司合作，双方开发者也将获得更多优惠，如更低的开发成本，更多的增值服务，更快的审核速度，应用市场的推荐位，更高的广告收益，还能享受一对一专属 VIP 客服。

3．测试，加固，一站式服务

Bmob 与梆梆安全、testin 等业内伙伴合作，致力于为开发者提供一站式的服务解决方案，用户可以享受更快捷的加固服务、更多的机型、性能等测试权限，一站式服务不断整合。

4．版本管理

API 更新无须担心，Bmob 提供版本管理功能，帮用户自动更新应用版本，不需要中断应用的开发过程，即可实现应用轻松升级，并保存 API。

12.2　基于 Bmob 移动云服务的应用开发方法

12.2.1　注册 Bmob 账号

在网址栏输入 www.bmob.cn 或者在百度输入 Bmob 进行搜索，打开 Bmob 官网后，单击右上角的"注册"按钮，在跳转页面填入姓名、邮箱、设置密码，确认后到邮箱激活 Bmob 账户，就可以用 Bmob 轻松开发应用了，如图 12-1 所示。

12.2.2 网站后台创建应用

登录账号进入 Bmob 后台后,单击后台界面左上角"创建应用"按钮,在弹出框输入应用的名称,然后确认,就拥有了一个等待开发的应用,如图 12-2 所示。

图 12-1 注册

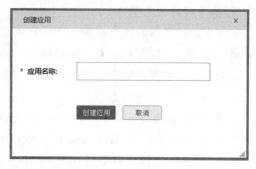

图 12-2 创建应用

12.2.3 获取应用密钥和下载 SDK

选择要开发的应用,单击该应用下方对应的"应用密钥"按钮,如图 12-3 所示。

在跳转页面获取 Application ID,此 ID 将会在初始化 SDK 中使用到,如图 12-4 所示。

图 12-3 应用密钥

图 12-4 获取应用密钥

获取 Application ID 后,下载 SDK,开发者可以根据自己的需求选择相应的 iOS SDK 或 Android SDK,单击"立即下载"按钮即可,如图 12-5 所示。

图 12-5 下载

12.2.4 安装 BmobSDK

(1) 在项目根目录下创建 libs 目录,将下载的 BmobSDK 文件放入该目录下,如图 12-6 所示。

(2) 在应用程序中添加相应的权限,如图 12-7 和图 12-8 所示。

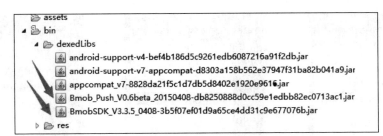

图 12-6　安装 BmobSDK

```
<uses-permission android:name="android.permission.INTERNET"/>
<uses-permission android:name="android.permission.ACCESS_WIFI_STATE"/>
<uses-permission android:name="android.permission.ACCESS_NETWORK_STATE"/>
<uses-permission android:name="android.permission.READ_PHONE_STATE"/>
<uses-permission android:name="android.permission.WRITE_EXTERNAL_STORAGE"/>
<uses-permission android:name="android.permission.READ_LOGS"/>
```

图 12-7　权限 1

```
<?xml version="1.0" encoding="utf-8"?>
    <manifest xmlns:android="http://schemas.android.com/apk/res/android"
        package="cn.bmob.example"
        android:versionCode="1"
        android:versionName="1.0">

    <uses-sdk android:minSdkVersion="8" android:targetSdkVersion="17"/>

    <uses-permission android:name="android.permission.INTERNET"/>
    <uses-permission android:name="android.permission.ACCESS_NETWORK_STATE"/>
    <uses-permission android:name="android.permission.ACCESS_WIFI_STATE"/>
    <uses-permission android:name="android.permission.READ_PHONE_STATE"/>
    <uses-permission android:name="android.permission.RECEIVE_BOOT_COMPLETED"/>
    <uses-permission android:name="android.permission.WRITE_EXTERNAL_STORAGE"/>
    <uses-permission android:name="android.permission.READ_LOGS"/>

    <application
        android:allowBackup="true"
        android:icon="@drawable/ic_launcher"
        android:label="@string/app_name"
        android:theme="@style/AppTheme">
        <activity
```

图 12-8　权限 2

12.3　基于 Bmob 移动云服务的应用开发

介绍 Bmob 移动云服务的应用开发，主要以点餐系统为例。
点餐系统示例效果图如图 12-9～图 12-15 所示。

图 12-9　登录界面

图 12-10　注册界面

图 12-11　推荐界面

图 12-12　分类界面

图 12-13　个人界面

图 12-14　订单界面

图 12-15　Bmob 端数据

实现步骤如下。

第一步：使用 Bmob 移动云服务实现登录与注册界面功能。

第二步：使用 ViewPager＋FragmentPagerAdapter 实现界面框架。

第三步：分别实现框架的三个界面。

1. 使用 Bmob 移动云服务实现登录与注册界面功能

(1) 在项目根目录下创建 libs 目录,将下载的 BmobSDK 文件中的两个.jar 文件放入该目录下,如图 12-16 所示。

图 12-16　创建目录

对于 Eclipse 工程,请参照下面的步骤添加 jar 包。

① 选择工程,右击选择 Properties 项;

② 在弹出的窗口中选择 Java Build Path 项;

③ 在右侧的主窗体中选择 Libraries 选项卡;

④ 单击 Add JARs 按钮;

⑤ 选择复制到 libs 目录下的 Bmob.jar 文件;

⑥ 单击 OK 按钮完成。

(2) 在应用程序中添加相应的权限。

```
<!--Bmob SDK 权限 -->
<uses-permissionandroid:name="android.permission.INTERNET"/>
<uses-permissionandroid:name="android.permission.ACCESS_WIFI_STATE"/>
<uses-permissionandroid:name="android.permission.ACCESS_NETWORK_STATE"/>
<uses-permissionandroid:name="android.permission.READ_PHONE_STATE"/>
<uses-permissionandroid:name="android.permission.WRITE_EXTERNAL_STORAGE"/>

<uses-permissionandroid:name="android.permission.READ_LOGS"/>
```

下面是登录布局 activity_login。

```
<?xmlversion="1.0"encoding="utf-8"?>
<RelativeLayoutxmlns:android="http://schemas.android.com/apk/res/android"
android:layout_width="match_parent"
android:layout_height="match_parent">

<TextView
android:id="@+id/id_tv_top"
android:layout_width="match_parent"
android:layout_height="48dp"
android:layout_alignParentTop="true"
android:background="#ffe85628"
android:gravity="center"
android:text="登录"
android:textColor="@android:color/white"
android:textSize="20sp"/>

<RelativeLayout
android:layout_width="match_parent"
```

```
    android:layout_height="wrap_content"
    android:layout_below="@id/id_tv_top"
    android:layout_margin="10dp">

    <EditText
    android:id="@+id/id_et_account"
    android:layout_width="match_parent"
    android:layout_height="wrap_content"
    android:layout_alignParentTop="true"
    android:background="@drawable/bg_textfield"
    android:hint="请输入用户名"
    android:paddingLeft="20dp"
    android:paddingRight="10dp"
    android:singleLine="true"
    android:textColor="#ff444444"
    android:textColorHint="#ffcccccc"
    android:textSize="16sp">

    <requestFocus/>
    </EditText>

    <EditText
    android:id="@+id/id_et_pwd"
    android:layout_width="match_parent"
    android:layout_height="wrap_content"
    android:layout_below="@id/id_et_account"
    android:layout_marginTop="10dp"
    android:background="@drawable/bg_textfield"
    android:hint="请输入密码"
    android:inputType="textPassword"
    android:paddingLeft="20dp"
    android:paddingRight="10dp"
    android:singleLine="true"
    android:textColor="#ff444444"
    android:textColorHint="#ffcccccc"
    android:textSize="16sp"/>

    <LinearLayout
    android:layout_width="match_parent"
    android:layout_height="wrap_content"
    android:layout_below="@id/id_et_pwd"
    android:layout_marginTop="20dp"
    android:orientation="horizontal"
    android:paddingLeft="10dp"
    android:paddingRight="10dp">

    <Button
    android:id="@+id/id_login"
    android:layout_width="0dp"
    android:layout_height="48dp"
    android:layout_weight="1.0"
```

```
android:background="@drawable/selector_logout"
android:text="登录"
android:textColor="#ffffff"
android:textSize="18sp"/>

<Button
android:id="@+id/id_register"
android:layout_width="0dp"
android:layout_height="48dp"
android:layout_marginLeft="20dp"
android:layout_weight="1.0"
android:background="@drawable/selector_logout"
android:text="注册"
android:textColor="#ffffff"
android:textSize="18sp"/>
</LinearLayout>
</RelativeLayout>

</RelativeLayout>
```

下面是注册布局 activity_register。

```
<?xmlversion="1.0"encoding="utf-8"?>
<RelativeLayoutxmlns:android="http://schemas.android.com/apk/res/android"
android:layout_width="match_parent"
android:layout_height="match_parent">

<TextView
android:id="@+id/id_tv_top"
android:layout_width="match_parent"
android:layout_height="48dp"
android:layout_alignParentTop="true"
android:background="#ffe85628"
android:gravity="center"
android:text="注册"
android:textColor="@android:color/white"
android:textSize="20sp"/>

<RelativeLayout
android:layout_width="match_parent"
android:layout_height="wrap_content"
android:layout_below="@id/id_tv_top"
android:layout_margin="10dp">

<EditText
android:id="@+id/id_et_account_register"
android:layout_width="match_parent"
android:layout_height="wrap_content"
android:layout_alignParentTop="true"
android:background="@drawable/bg_textfield"
android:hint="请输入用户名"
```

```
          android:paddingLeft="20dp"
          android:paddingRight="10dp"
          android:singleLine="true"
          android:textColor="#ff444444"
          android:textColorHint="#ffcccccc"
          android:textSize="16sp">

          <requestFocus/>
     </EditText>

     <EditText
          android:id="@+id/id_et_pwd_register"
          android:layout_width="match_parent"
          android:layout_height="wrap_content"
          android:layout_below="@id/id_et_account_register"
          android:layout_marginTop="10dp"
          android:background="@drawable/bg_textfield"
          android:hint="请输入密码"
          android:inputType="textPassword"
          android:paddingLeft="20dp"
          android:paddingRight="10dp"
          android:singleLine="true"
          android:textColor="#ff444444"
          android:textColorHint="#ffcccccc"
          android:textSize="16sp"/>

     <LinearLayout
          android:layout_width="match_parent"
          android:layout_height="wrap_content"
          android:layout_below="@id/id_et_pwd_register"
          android:layout_marginTop="20dp"
          android:orientation="horizontal"
          android:paddingLeft="10dp"
          android:paddingRight="10dp">

     <Button
          android:id="@+id/id_btn_ok"
          android:layout_width="0dp"
          android:layout_height="48dp"
          android:layout_weight="1.0"
          android:background="@drawable/selector_logout"
          android:text="确定"
          android:textColor="#ffffff"
          android:textSize="18sp"/>

     <Button
          android:id="@+id/id_btn_cancel"
          android:layout_width="0dp"
          android:layout_height="48dp"
          android:layout_marginLeft="20dp"
          android:layout_weight="1.0"
```

```
android:background="@drawable/selector_logout"
android:text="取消"
android:textColor="#ffffff"
android:textSize="18sp"/>
</LinearLayout>
</RelativeLayout>

</RelativeLayout>
```

下面是登录 Java 界面。

```java
publicclass LoginActivity extends Activity implements OnClickListener
{
    private EditText et_account;
    private EditText et_password;
    private Button btn_login;
    private Button btn_register;
    private String account,password;

    protectedvoid onCreate(Bundle savedInstanceState) {
        super.onCreate(savedInstanceState);
        setContentView(R.layout.activity_login);

        // 初始化 Bmob SDK：利用刚才注册得到的 Application ID
        Bmob.initialize(this, "14fcb34593937578a18862a1b33f29a1");
        initView();

    }

    /* *
     * 初始化控件
     */
    privatevoid initView(){
        et_account= (EditText) findViewById(R.id.id_et_account);
        et_password= (EditText) findViewById(R.id.id_et_pwd);
        btn_login= (Button) findViewById(R.id.id_login);
        btn_register= (Button) findViewById(R.id.id_register);
        btn_login.setOnClickListener(this);
        btn_register.setOnClickListener(this);
    }

    /* *
     * 单击事件
     */
    publicvoid onClick(View v) {
        switch (v.getId()) {
        case R.id.id_login:                //登录用户
        account=et_account.getText().toString().trim();
        password=et_password.getText().toString().trim();
        if(account.equals("")){
            toast("填写你的用户名");
```

```
            return;
        }
        if(password.equals("")){
            toast("填写你的密码");
            return;
        }
        BmobUser bu=new BmobUser();
        bu.setUsername(account);
        bu.setPassword(password);
        bu.login(this, new SaveListener() {
            publicvoid onSuccess() {
                Intent intent=new Intent(LoginActivity.this,MainActivity.class);
                startActivity(intent);
            }
            publicvoid onFailure(intcode, String msg) {
                toast("登录失败:"+msg);
            }
        });
        break;


    case R.id.id_register:                    //注册用户
        Intent intent=new Intent(LoginActivity.this,RegisterActivity.class);
        startActivity(intent);
        break;
    }
}

/**
 * 显示提示
 *
 * @param msg
 */
publicvoid toast(String msg){
    Toast.makeText(this, msg, Toast.LENGTH_SHORT).show();
}

}
```

下面是注册 Java 界面。

```
publicclass RegisterActivity extends Activity implements
OnClickListener{
    private EditText et_account;
    private EditText et_password;
    private Button btn_ok;
    private Button btn_cancel;

    private String account,password;

    protectedvoid onCreate(Bundle savedInstanceState) {
```

```java
        super.onCreate(savedInstanceState);
        setContentView(R.layout.activity_register);
        initView();
    }

    /**
     * 初始化控件
     */
    privatevoid initView(){
        et_account=(EditText) findViewById(R.id.id_et_account_register);
        et_password=(EditText) findViewById(R.id.id_et_pwd_register);
        btn_ok=(Button) findViewById(R.id.id_btn_ok);
        btn_cancel=(Button) findViewById(R.id.id_btn_cancel);
        btn_ok.setOnClickListener(this);
        btn_cancel.setOnClickListener(this);
    }

    /**
     * 单击事件
     */
    publicvoid onClick(View v) {
        switch (v.getId()) {
            case R.id.id_btn_ok:
            account=et_account.getText().toString().trim();
            password=et_password.getText().toString().trim();
            if(account.equals("")){
                toast("填写你的用户名");
                return;
            }
            if(password.equals("")){
                toast("填写你的密码");
                return;
            }

            BmobUser bu2=new BmobUser();
            bu2.setUsername(account);
            bu2.setPassword(password);
            bu2.signUp(this, new SaveListener() {
                publicvoid onSuccess() {
                    toast("注册成功: ");
                    Intent intent= new Intent(RegisterActivity.this,MainActivity.class);
                    startActivity(intent);
                }
                publicvoid onFailure(intcode, String msg) {
                    toast("注册失败: "+msg);
                }
            });
            break;
```

```
        case R.id.id_btn_cancel:
            Intent intent=new Intent(RegisterActivity.this,LoginActivity.class);
            startActivity(intent);
            break;
    }
}

/**
 * 显示提示
 *
 * @param msg
 */
publicvoid toast(String msg){
    Toast.makeText(this, msg, Toast.LENGTH_SHORT).show();
}
}
```

2. 使用 ViewPager＋FragmentPagerAdapter 实现界面框架

下面是 Tab1 布局。

```xml
<?xmlversion="1.0"encoding="utf-8"?>
<LinearLayoutxmlns:android="http://schemas.android.com/apk/res/android"
android:layout_width="match_parent"
android:layout_height="match_parent"
android:orientation="vertical">

<ImageView
android:id="@+id/id_image"
android:layout_width="match_parent"
android:layout_height="150dp"
android:scaleType="fitXY"
android:src="@drawable/res1"/>

<ListView
android:id="@+id/id_food_list"
android:layout_width="match_parent"
android:layout_height="match_parent"/>

</LinearLayout>
```

下面是 Tab2 布局。

```xml
<?xmlversion="1.0"encoding="utf-8"?>
<LinearLayoutxmlns:android="http://schemas.android.com/apk/res/android"
android:layout_width="match_parent"
android:layout_height="match_parent"
android:orientation="vertical">

<ListView
android:id="@+id/id_type_list"
```

```
android:layout_width="match_parent"
android:layout_height="match_parent"/>

</LinearLayout>
```

下面是 Tab3 布局。

```
<RelativeLayoutxmlns:android="http://schemas.android.com/apk/res/android"
android:layout_width="match_parent"
android:layout_height="match_parent"
android:padding="20dp">

<Button
android:id="@+id/button1"
android:layout_width="wrap_content"
android:layout_height="wrap_content"
android:layout_alignParentLeft="true"
android:layout_alignParentTop="true"
android:background="@drawable/bg_btn"
android:gravity="center"
android:text="支付宝"
android:textSize="18sp"/>

<Button
android:id="@+id/button2"
android:layout_width="wrap_content"
android:layout_height="wrap_content"
android:layout_alignParentRight="true"
android:layout_alignParentTop="true"
android:background="@drawable/bg_btn"
android:gravity="center"
android:text="充值中心"
android:textSize="18sp"/>

<Button
android:id="@+id/button3"
android:layout_width="wrap_content"
android:layout_height="wrap_content"
android:layout_centerInParent="true"
android:background="@drawable/bg_btn"
android:gravity="center"
android:text="你的订单"
android:textSize="18sp"/>

<Button
android:id="@+id/button4"
android:layout_width="wrap_content"
android:layout_height="wrap_content"
android:layout_alignParentBottom="true"
android:layout_alignParentLeft="true"
android:background="@drawable/bg_btn"
```

```
android:gravity="center"
android:text="结算"
android:textSize="18sp"/>

<Button
android:id="@+id/button5"
android:layout_width="wrap_content"
android:layout_height="wrap_content"
android:layout_alignParentBottom="true"
android:layout_alignParentRight="true"
android:background="@drawable/bg_btn"
android:gravity="center"
android:text="个人"
android:textSize="18sp"/>

</RelativeLayout>
```

下面是 Tab1.java 文件。

```
publicclass Tab01 extends Fragment {
    private ImageView image;
    privateintimages[]={ R.drawable.res1, R.drawable.res2, R.drawable.res3 };
    privateintindex;

    private Handler handler=new Handler();
    private MyImageChange change=new MyImageChange();

    private ListView listView;
    private ArrayList<Food>lists;

    private Food food;

    public View onCreateView(LayoutInflater inflater, ViewGroup container,
Bundle savedInstanceState) {
        View view=inflater.inflate(R.layout.tab01, container, false);
        image=(ImageView) view.findViewById(R.id.id_image);
        handler.postDelayed(change, 2000);
        listView=(ListView) view.findViewById(R.id.id_food_list);
        lists=getData();
        listView.setAdapter(new FoodAdapter(getActivity(), lists));
        listView.setOnItemClickListener(new OnItemClickListener() {
            publicvoid onItemClick(AdapterView<?>parent, View view,intposition,
longid) {
                switch (position) {
                case 0:
                    addFood(view);
                    break;
                case 1:
                    addFood(view);
                    break;
                case 2:
```

```
                    addFood(view);
                    break;
                case 3:
                    addFood(view);
                    break;
                case 4:
                    addFood(view);
                    break;
                case 5:
                    addFood(view);
                    break;
                }
            }

        publicvoid addFood(View view) {
            TextView foodName= (TextView) view.findViewById(R.id.food_name);
            TextView foodPrice= (TextView) view.findViewById(R.id.food_price);
            String name=foodName.getText().toString();
            String price=foodPrice.getText().toString();

            FoodDate food=new FoodDate();
            food.setName(name);
            food.setPrice(price);
            food.save(getActivity(),new SaveListener() {
                publicvoid onSuccess() {
                    Toast.makeText(getActivity(), "添加成功", Toast.LENGTH_
LONG).show();
                }

                publicvoid onFailure(intarg0, String arg1) {
                    Toast.makeText(getActivity(), "添加失败", Toast.LENGTH_
LONG).show();
                }
            });
            }
        });
        returnview;
    }

    /* *
    * 美食图片变换
    *
    * @author Administrator
     *
     */
    class MyImageChange implements Runnable {
        publicvoid run() {
            index++;
            index=index % 3;
            image.setImageResource(images[index]);
            handler.postDelayed(change, 2000);
```

```
        }
    }

    public ArrayList<Food>getData() {
        lists=new ArrayList<Food>();
        Food food01=new Food("米饭","10", R.drawable.apple_pic);
        lists.add(food01);
        Food food02=new Food("甜点", "20",R.drawable.apple_pic);
        lists.add(food02);
        Food food03=new Food("叉烧", "20",R.drawable.apple_pic);
        lists.add(food03);
        Food food04=new Food("肥鸡", "20",R.drawable.apple_pic);
        lists.add(food04);
        Food food05=new Food("土豆","20",R.drawable.apple_pic);
        lists.add(food05);
        Food food06=new Food("烧猪", "20",R.drawable.apple_pic);
        lists.add(food06);

        returnlists;
    }
}
```

下面是 Tab2.java 文件。

```
publicclass Tab02 extends Fragment {
    private ListView listView;
    ArrayList<HashMap<String, Object>>listItem;
    String[] from={ "Image", "Text" };
    int[] to={ R.id.type_image, R.id.type_name };

    public View onCreateView(LayoutInflater inflater, ViewGroup container,Bun-
dle savedInstanceState) {
        View view=inflater.inflate(R.layout.tab02, container, false);
        listView=(ListView) view.findViewById(R.id.id_type_list);
        initTypes();
        SimpleAdapter adapter=new SimpleAdapter(getActivity(), listItem,R.lay-
out.type_item, from, to);
        listView.setAdapter(adapter);
        //添加单击
        listView.setOnItemClickListener(new OnItemClickListener() {
            Intent intent;
            publicvoid onItemClick(AdapterView<?>arg0, View v, intposition,longid) {
                switch (position) {
                    case 0:
                        intent=new Intent(getActivity(),TypeActivity.class);
                        startActivity(intent);
                        break;
                    case 1:
                        intent=new Intent(getActivity(),TypeActivity.class);
                        startActivity(intent);
                        break;
```

```
                    case 2:
                        intent=new Intent(getActivity(),TypeActivity.class);
                        startActivity(intent);
                        break;
                    case 3:
                        intent=new Intent(getActivity(),TypeActivity.class);
                        startActivity(intent);
                        break;
                    case 4:
                        intent=new Intent(getActivity(),TypeActivity.class);
                        startActivity(intent);
                        break;
                }
            }
        });

        returnview;
    }

    privatevoid initTypes() {
        // 生成动态数组,加入数据
        listItem=new ArrayList<HashMap<String, Object>>();
        for (inti=0; i<10; i++) {
            if (i==0) {
                HashMap<String, Object>map=new HashMap<String, Object>();
                map.put("Image", R.drawable.apple_pic);
                map.put("Text", "川菜");
                listItem.add(map);
            } elseif (i==1) {
                HashMap<String, Object>map=new HashMap<String, Object>();
                map.put("Image", R.drawable.apple_pic);
                map.put("Text", "粤菜");
                listItem.add(map);
            } elseif (i==2) {
                HashMap<String, Object>map=new HashMap<String, Object>();
                map.put("Image", R.drawable.apple_pic);
                map.put("Text", "苏菜");
                listItem.add(map);
            } elseif (i==3) {
                HashMap<String, Object>map=new HashMap<String, Object>();
                map.put("Image", R.drawable.apple_pic);
                map.put("Text", "京菜");
                listItem.add(map);
            } elseif (i==4) {
                HashMap<String, Object>map=new HashMap<String, Object>();
                map.put("Image", R.drawable.apple_pic);
                map.put("Text", "闽菜");
                listItem.add(map);
            }
        }
    }
}
```

下面是 Tab3.java 文件。

```java
publicclass Tab03 extends Fragment implements OnClickListener{
    private Button button3;
    public View onCreateView(LayoutInflater inflater,ViewGroup container,Bundle
savedInstanceState) {
        View view =inflater.inflate(R.layout.tab03, container, false);
        button3= (Button) view.findViewById(R.id.button3);
        button3.setOnClickListener(this);
        returnview;
    }

    publicvoid onClick(View v) {
        BmobQuery<FoodDate>query=new BmobQuery<FoodDate>();
        query.findObjects(getActivity(), new FindListener<FoodDate>() {
            publicvoid onSuccess(List<FoodDate>foods) {
                AlertDialog.Builder builder=new AlertDialog.Builder(getActivity());
                builder.setTitle("你的菜单");
                String str="";
                for (FoodDate foodDate : foods) {
                    str+=foodDate.getName()+":"+foodDate.getPrice()+"\n";
                }
                builder.setMessage(str);
                builder.create().show();
            }

            publicvoid onError(intarg0, String arg1) {

            }
        });

    }

}
```

3. 分别实现框架的三个界面

此步骤比较简单,界面比较多,这里就不粘贴了,可以查看文件夹中给出的完整代码。

本章小结

本章主要介绍了基于 Bomb 移动云服务的开发方法,并介绍了基于 Bomb 移动云服务开发点餐系统的应用开发流程与方法。

第13章

珠海健康云科技有限公司应用案例

内容提要

(1) 珠海健康云科技有限公司应用简介；

(2) 珠海健康云科技有限公司案例。

目　　标

了解珠海健康云科技有限公司应用案例设计与开发方法。

重　　点

应用案例设计与开发方法。

难　　点

应用案例设计与开发方法。

13.1　珠海健康云科技有限公司应用简介

珠海健康云科技有限公司最早开创于2002年，于2012年8月从北京搬迁至珠海，是集健康门户、医患问答、医生社区为一体的综合性健康互联网公司，旗下有两大主要网站：有问必答网和爱爱医网，如图13-1所示。

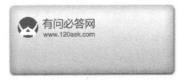

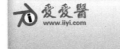

(a) 有问必答网　　(b) 爱爱医网

图13-1　珠海健康云科技有限公司主要网站

公司专注于医疗健康互联网行业，拥有领先的在线网络产品和快速增长的移动服务业务线，通过10余年的运营和历史沉淀，网站领先互联网健康行业。

有问必答网向公众提供健康问题咨询服务，每日有1 000万强烈健康需求的公众到访，日均10万网民向医生咨询，平均15分钟即可获得资质认证的专业医生解答。图13-2所示为有问必答网取得的相关荣誉，图13-3所示为咨询方式。

2010年中国十大新锐网站榜单		
网站	网址	所属行业
京东商城	360buy.com	B2C
凡客诚品	vancl.com	B2C
58同城	58.com	分类信息
世纪佳缘	jiayuan.com	婚恋交友
有问必答	120ask.com	健康
大众点评网	dianping.com	生活资讯
奇艺	qiyi.com	在线视频
搜库	soku.com	视频搜索
拉手网	lashou.com	团购
互动百科	hudong.com	维基

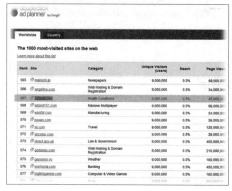

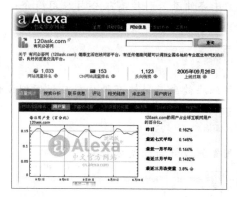

图 13-2　相关荣誉

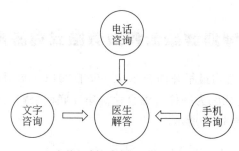

多种方式快速直接与医生沟通

图 13-3　咨询服务方式

爱爱医网是目前中国最具人气,专门服务于医务人员的医学网站,覆盖 70％的中国医务群体,涵盖医学各个专业学科。

爱爱医经典医生服务包括以下几点。

① 医学新闻;

② 医学论坛;

③ 资格考试培训;

④ 医学继续教育;

⑤ 医学人才招聘;

⑥ 医内说行业微博；

⑦ 医学资源下载。

未来的 10 年将是移动互联网时代，健康云亦与时俱进，2012 年推出了快速问医生和诊疗助手应用软件，分别为公众和专业医生提供随时随地的移动健康医疗专业服务，随后推出了用药安全应用软件，保障公众用药安全。

13.2　珠海健康云科技有限公司案例：问医生 Android 版信息咨询软件 V2.4

13.2.1　引言

1. 编写目的

为了解决分析用户需求和明确开发流程的问题，编写了本设计文档。它全面细致的用户需求分析，明确所要开发的软件应具有的功能、性能与界面，使系统分析人员及软件开发人员能清楚地了解用户的需求，并在此基础上进一步提出概要设计说明书和完成后续设计与开发工作。

2. 背景

为了使广大用户能够更快捷求医，提出设计一款支持通过查找医生和查找疾病来咨询病情的软件——问医生。通过 iPhone、Android、Windows 8、WP 7（Windows Phone 7）客户端能实现实时的咨询和得到反馈。该软件能为因为时间问题不方便求医的群众带来更大的便利，确保用户和医师之间的沟通更具有实时性和跨地域性。同时需求咨询的群众能以最少的费用得到有质量的诊断。这种远程咨询诊断方式充分适应当今快节奏的城市生活，这款软件可以把求医者从一般求医琐碎的步骤中解救出来。

3. 功能概述

本产品属于应用于移动行业的非嵌入式软件，不含有子系统，主要实现咨询病情的功能。

4. 定义

术语：iOS 苹果移动设备操作系统、HTTP 超文本传送协议通信协议、Android 安卓智能手机操作系统、Windows 8 微软桌面操作系统、WP 7 微软智能手机操作系统。

13.2.2　总体设计

1. 需求规定

（1）用户可以在首页直接输入基本信息和要咨询的问题进行病情咨询提问。

（2）用户可以通过搜索疾病或者在疾病列表选择自己要找的疾病进行相关病情咨询提问。

（3）用户可以通过搜索医生或者在医生列表选择自己要找的疾病进行相关病情咨询提问。

（4）数据返回时间不大于 2 秒。

（5）网络不好时做好相关容错机制。

2. 运行环境

iOS 4.3 以上系统、Android 2.0 以上、Windows 8、WP 7。

3. 基本设计概念和处理流程

（1）登录流程

① 要求用户输入用户名和密码。

② 客户端验证完该次输入的合法性后向服务器发送请求。

③ 接收服务器返回的结果并显示。

（2）通过搜索医生咨询病情流程

① 用户可输入医生所在地区、所在医院或所擅长治疗的疾病查询符合条件的医生，手机客户端向服务器发送查询请求。

② 接收服务器返回的数据并展示以供选择。

③ 用户选择适合的医生并进行病情的咨询（如果没有登录会要求登录）。

（3）通过搜索疾病咨询病情流程

① 用户可输入疾病名或病症或者疾病相关的问题来查询该疾病，手机客户端向服务器发送查询请求。

② 接收服务器返回的数据并展示以供选择。

③ 用户选择疾病并进行病情的咨询（如果没有登录会要求登录）。

4. 结构

系统的总体结构及各模块的结构与逻辑依次如图 13-4～图 13-8 所示。

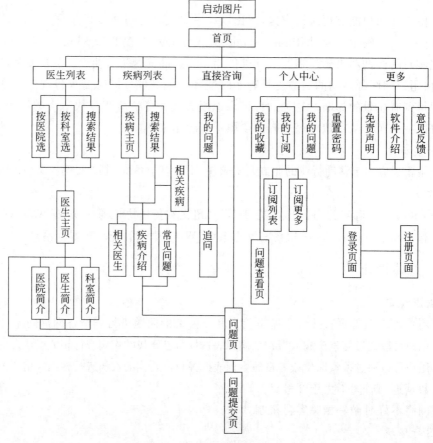

图 13-4　系统总体结构

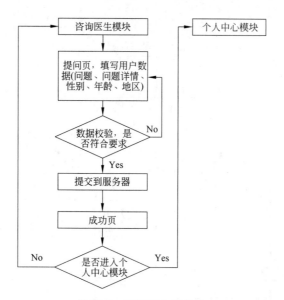

图 13-5　咨询医生逻辑图

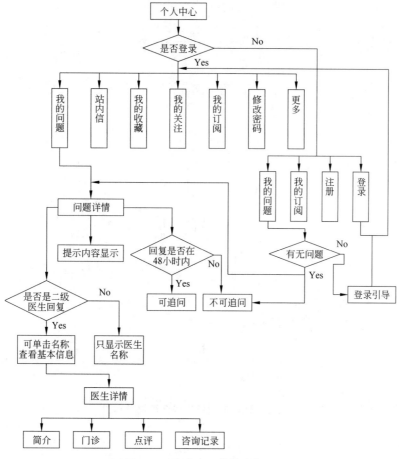

图 13-6　个人中心模块逻辑图

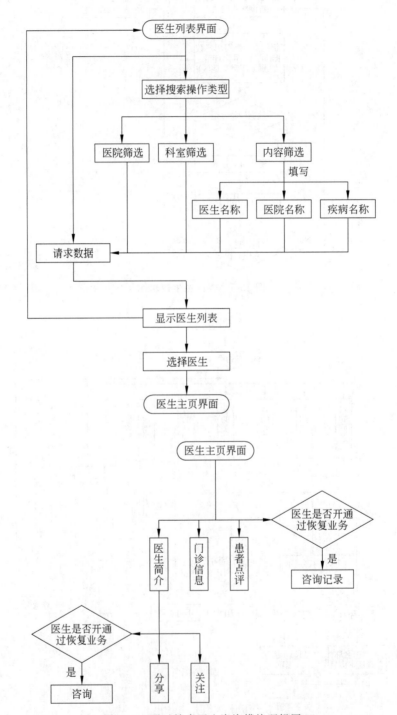

图 13-7　通过搜索医生咨询模块逻辑图

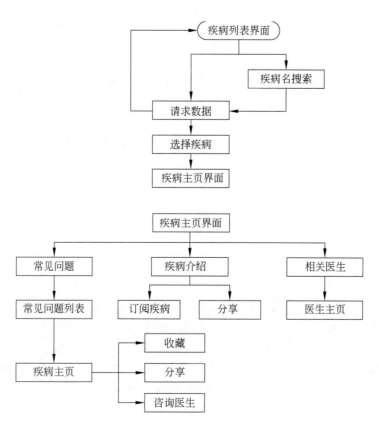

图 13-8　通过搜索疾病咨询医生模块逻辑图

13.2.3　项目功能需求

1．功能划分

（1）通过查找医生咨询（全国医院医生列表）。

（2）通过查找疾病咨询（疾病分类列表）。

（3）查看最新健康话题与焦点（发现健康）。

（4）个人中心。

2．功能描述

（1）查询医生功能，包括以下几点。

① 按医生所在地区查询；

② 按医生所在医院查询；

③ 按医生所擅长治疗的疾病查询。

（2）查询疾病功能，包括以下几点。

① 按疾病名称查询；

② 按疾病的症状查询；

③ 按疾病相关问题查询。

（3）咨询功能。

通过文字、添加拍摄图片为附件的形式对医生进行咨询病情。

（4）追问功能。

通过文字、添加拍摄图片为附件的形式对该问题进行追问。

（5）订阅和取消订阅功能。

订阅某种疾病问题情况，从而得到最近该疾病所相关的问题，已经收藏该疾病的情况可以取消订阅。

（6）收藏和取消收藏功能。

收藏某个问题，从而得到该问题最新进展情况，已经收藏该问题可以取消收藏。

（7）注册和登录功能。

实现用户会员化和登录功能。

（8）重置密码功能。

实现密码修改功能。

13.2.4　人工处理过程

1. 问题提问

（1）在系统首页，单击 咨询医生 按钮，进入疾病问题咨询页面；

（2）在"医生列表"下的某位医生信息界面，如果医生后台开通回复功能，在医生详细信息界面下方，会有"咨询医生"按钮，单击可以进入疾病问题咨询页面；

（3）在"疾病列表"—"详细疾病内容"—"常见问题"，单击其中一个问题进入问题详情界面，下方会有 咨询医生 按钮，单击可以进入疾病问题咨询页面；

（4）在"个人中心"—"我的问题"界面里，如果没有咨询过问题（包括登录或者未登录两种状态），会有提示（如图 13-9 所示），单击 您可以点击这里向医生提问 链接可以进入疾病问题咨询页面；

（5）咨询页面内容填写：咨询页面如图 13-10 所示；

图 13-9　提示

图 13-10　咨询页面

（6）问题标题、疾病详细内容、年龄、地区属于必填写字段，问题标题不能超过 20 字，疾病详细内容不得少于 10 个字；

（7）性别系统会默认选择男；

（8）单击 按钮可以上传图片，最多可以上传三张；

（9）如果登录后进行咨询，可以选择是否"匿名提问"复选框；

（10）问题提交时，请确认网络能正常通信，若提交成功，会弹出如图 13-11 所示提示，单击"确定"按钮会返回上一页面，单击"进入个人中心"按钮会进入个人中心模块；

（11）如果字段内容填写不全，可能导致问题提交失败，会弹出类似如图 13-12 所示的提示，单击"确定"按钮，会跳转到当前有问题的内容位置，重新填写提交。

图 13-11　提交成功提示

图 13-12　提交失败提示

2. 问题查看

在"个人中心"中的"我的问题"界面，可以查看本人提问的问题，分别有如下几种状态。

（1）提问完成后立刻查看当前问题，如图 13-13（a）所示。

（2）有医生回复，且可以追问，如图 13-13（b）所示。

（3）有医生回复，但是因为不满足条件，而不能追问，如图 13-13（c）所示。

　　（a）立即查看　　　　　　　　（b）有回复且可追问　　　　　　（c）有回复，不能追问

图 13-13　问题查看状态

图 13-13（b）和图 13-13（c）所表示的两种状态，单击 点评医生 按钮都可以对回答问题的医生进行评价。如果医生所在医院为二甲以上医院，医生名字为蓝色并且可以单击，单击后可以查看医生详细信息。

3. 问题追问

如图 13-13（b）所示，对于医生回答的问题，可以进行追问，在输入框内输入要追问的内容，单击 按钮可以上传图片，同样最多只能上传三张图片，单击"追问"按钮进行问题提交。

4. 问题删除

在"个人中心"中的"我的问题"界面，有两种方法可以删除"我的问题"。

（1）单击"我的问题"界面左上角"编辑"按钮，然后单击其中某条问题前面的 ⊖ 按钮，会出现"删除"按钮，单击"删除"按钮即可，单击右上方"完成"按钮，会恢复原状，如图 13-14 所示。

（2）在某条问题标题上面进行左右滑动，会显示"删除"按钮，单击"删除"按钮即可，如图 13-15 所示。

图 13-14　删除方式 1

图 13-15　删除方式 2

5．提问有误

如果提问问题的表述过于简单，或存在其他问题，服务器会给苹果终端发一封站内信进行提示，可从"个人中心"中的"站内信"界面进入，查看具体提示信息，如图 13-16 所示，单击"立即查看"超链接，可以查看提问问题的详情。

6．尚未解决的问题

系统数据传输基于 HTTP 传输，所以存在客户端和服务器端产生连接不稳定和不同步的情况。

13.2.5　接口设计

1．用户接口

用户使用 iOS 系统提供的用户接口来操作本系统。

2．外部接口

（1）新浪分享 https://api.weibo.com/2/statuses/update.json

（2）腾讯分享 http://open.t.qq.com/api/t/add

（3）人人网分享 http://api.renren.com/restserver.do

（4）开心网分享 https://api.kaixin001.com/records/add

图 13-16　站内信提示信息

3．内部接口

校验版本号的 http://iapp.120.net/version.php

疾病板块 http://iapp.120.net/zys/disease/catlist

常见问题 http://iapp.120.net/zys/disease/rel_que

疾病介绍 http://iapp.120.net/zys/disease/dis_detail

相关医生 http://iapp.120.net/zys/doctor

全国城市列表 http://iapp.120.net/zys/area

医院列表 http://iapp.120.net/zys/area/hospital

科室列表 http://iapp.120.net/zys/area/department

医生简介 http://iapp.120.net/zys/doctor/info

医院简介 http://iapp.120.net/zys/area/hospital_info

科室简介 http://iapp.120.net/zys/area/department_info

删除订阅 http://iapp.120.net/zys/collect/del_book

订阅 http://iapp.120.net/zys/collect/book

登录 http://iapp.120.net/zys/user/login/

精品应用 http://mapi.120.net/hslj/other/comapp

追问 http://iapp.120.net/zys/reply

我的订阅 http://iapp.120.net/zys/user/book_list

删除我的关注 http://iapp.120.net/zys/user/attention_del

删除我的问题 http://iapp.120.net/zys/question/delete

订阅更多页面 http://iapp.120.net/zys/disease/catlist

取消订阅 http://iapp.120.net/zys/collect/del_book

咨询详情 http://iapp.120.net/zys/doctor/doctor_details

医生点评列表 http://iapp.120.net/zys/comment/get_comment

关注医生 http://iapp.120.net/zys/user/attention_add

添加点评 http://iapp.120.net/zys/health

提问 http://iapp.120.net/zys/ask

有登录时我的问题 http://iapp.120.net/zys/questions/info_list_by_lastime

无登录时我的问题 http://iapp.120.net/zys/questions/info_list_by_lastime

无登录我的问题详情 http://iapp.120.net/zys/questions/info_edit/

话题详情 http://iapp.120.net/zys/health/detail

13.2.6　运行设计

1. 运行模块组合

包括咨询模块、医生模块、疾病模块和个人中心模块。

2. 运行控制

服务器返回消息进行局部逻辑控制。

3. 运行时间

本系统客户端和服务器端全天提供服务。

13.2.7　系统数据结构设计

1. 逻辑结构设计要点

本软件的功能旨在帮助用户快速咨询医生,解决疾病问题,逻辑结构上以咨询医生模块为中心模块,其他模块则为帮助找到用户所需医生的辅助模块,如图 13-17 所示。

图 13-17　逻辑结构

2. 系统的逻辑结构

（1）找医生模块通过具体的地区、医院、科室,帮助用户找到相应地理位置的医生,进行咨询以及疫病治疗安排等相关事宜。

（2）查疾病模块帮助用户了解相关疾病的信息,并找到有相应疾病治疗专长的医生,这样可以有针对性地解决用户的问题。

（3）个人中心模块提供疾病订阅和医生收藏功能,方便用户下次使用软件时能够更方便快捷地查找到以前关注过的疾病和医生。

13.2.8　系统出错处理设计

1. 出错信息

具体错误类型及原因如表 13-1 所示。

表 13-1　出错信息

错 误 类 型	错 误 原 因
网络连接错误	连接超时/连接断开
输入错误	登录：用户名错误/为空,用户密码错误/为空 注册：手机号码输入不符合规范/密码长度不符合要求 提交问题/评论：内容为空
硬件错误	设备不支持拍照/短信功能

2. 补救措施

（1）对于软错误,需要在添加/修改操作中及时对输入数据进行验证,分析错误的类型,并且给出相应的错误提示语句,及时地提示用户。

（2）对于硬错误应及时给用户提示或引导用户进入相应的设置页面,例如,网络未连接可引导用户进入网络设置页面。

（3）对于一些关键的操作（如删除操作、分享操作）,提供提示确认机制。

（4）对硬件不支持功能时给予相关提示。

3. 系统维护设计

此项主要是对服务器上的数据库进行维护,使用数据库的维护功能机制,如定期备份数据库,定期检测数据库的一致性,定期查看操作日志等。

本 章 小 结

本章主要介绍了珠海健康云科技有限公司的问医生 Android 版信息咨询软件 V2.4 的设计与开发方法。

安装 JMeter 测试工具

可使用 JMeter 测试网站的访问速度,这是一个用 Java 语言编写的网站负载测试工具。在 http://jakarta.apache.org/jmeter/ 下载;解压后,配置好 Java 运行环境;双击 jakarta-jmeter-2.9\bin\jmeter.bat 文件,可见其界面如图 A-1 所示。

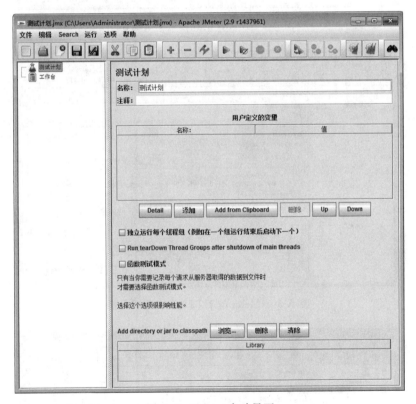

图 A-1　JMeter 启动界面

测试方法如图 A-2~图 A-5 所示。

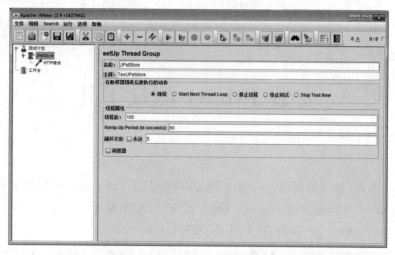

图 A-2　JMeter 的线程组测试配置

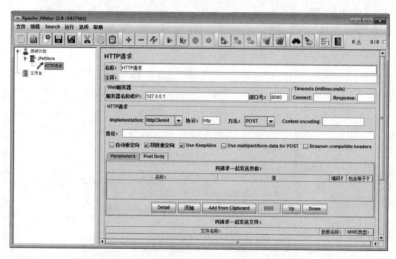

图 A-3　JMeter 的 HTTP 请求测试配置

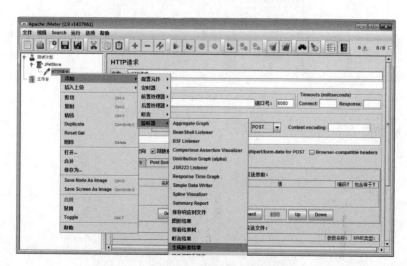

图 A-4　添加 JMeter 的 HTTP 请求监听

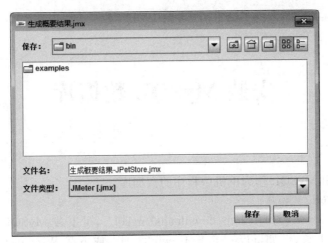

图 A-5　保存 JMeter 的测试结果

安装 MySQL 数据库

开发时可采用 MySQL 作为单机版程序的数据库。

1. 下载 MySQL 数据库

登录 http://www.mysql.com/downloads/mysql/ ，可下载 MySQL 数据库。需要注册一个用户，然后下载，例如，mysql-5.6.11-win32.zip，或下载 Windows 7 64 位下使用的 mysql-5.6.11-winx64.zip。

2. 安装 MySQL 数据库

双击 MySQL5.5.msi 安装文件，选择 Typical，然后单击 Typical 按钮，输入超级用户密码，如 123456（牢记，以后会用到，否则需重新安装）。

MySQL5.6 为免安装版，但在 Windows 7 64 位下无法运行 32 位的 MySQL，需要运行 64 位的 MySQL。

在环境变量中增加 MYSQL_HOME 为解压路径；在 PATH 后面增加%MYSQL_HOME%\bin，使得可在命令行快速输入命令。

在解压路径下复制 my-default.ini 为 my.ini，在其中增加几行配置信息：

```
[1 * mysqld]
basedir="L:\zwy\cloud-jiaocai\ch01\mysql-5.6.11-winx64"
datadir="L:\zwy\cloud-jiaocai\ch01\mysql-5.6.11-winx64\data"
default-character-set=utf8
port=3306
socket=/tmp/mysql.sock
[1 * client]
# password=123456
port=3306
socket=/tmp/mysql.sock
default-character-set=utf8
```

3. 通过命令行操作 MySQL 数据库

单击"开始"菜单→MySQL→MySQL5.5 Command Line Client，在弹出的对话框中输入之前设置的密码，可进入 MySQL 命令行方式，如输入命令创建数据库：

```
Create database testdb;
Show database;
```

还可下载 phpadmin(http://www.phpmyadmin.net)，用窗口方式管理数据库。

免安装版的 MySQL 没有菜单项，可按如下方式安装服务并启动：

```
Mysqld-install
mysql
```

参考文献

［1］Arshdeep Bahga，Vijay Madisetti. Cloud Computing：A Hands-On Approach［M］. Alpharetta：Vijay Madisetti，2014.

［2］黄宜华，苗凯翔.深入理解大数据：大数据处理与编程实践［M］.北京：机械工业出版社，2014.

［3］徐成俊.云计算实用技术指南［M］.兰州：甘肃人民出版社，2013.

［4］赵书兰. Windows Azure 云计算实践［M］.北京：电子工业出版社，2013.

［5］张思民.Android 应用程序设计［M］.北京：清华大学出版社，2013.

［6］徐强，王振江.云计算应用开发实践［M］.北京：机械工业出版社，2012.

［7］虚拟化与云计算小组.云计算宝典：技术与实践［M］.北京：电子工业出版社，2011.

［8］Dave Mac Lean. 精通 Android 3［M］.北京：人民邮电出版社，2011.

［9］郭宏志.Android 应用开发详解［M］.北京：电子工业出版社，2010.

［10］梅尔(RetoMeier).Android 高级编程［M］.北京：清华大学出版社，2010.

［11］韩超，梁泉.Android 系统原理及开发要点详解［M］.北京：电子工业出版社，2010.